Abdelghani Kherrat

Réalisation de microchambres d'analyse chimique

Abdelghani Kherrat

Réalisation de microchambres d'analyse chimique

Microcapteurs de pH et microfluidique associés

Presses Académiques Francophones

Impressum / Mentions légales

Bibliografische Information der Deutschen Nationalbibliothek: Die Deutsche Nationalbibliothek verzeichnet diese Publikation in der Deutschen Nationalbibliografie; detaillierte bibliografische Daten sind im Internet über http://dnb.d-nb.de abrufbar.

Alle in diesem Buch genannten Marken und Produktnamen unterliegen warenzeichen-, marken- oder patentrechtlichem Schutz bzw. sind Warenzeichen oder eingetragene Warenzeichen der jeweiligen Inhaber. Die Wiedergabe von Marken, Produktnamen, Gebrauchsnamen, Handelsnamen, Warenbezeichnungen u.s.w. in diesem Werk berechtigt auch ohne besondere Kennzeichnung nicht zu der Annahme, dass solche Namen im Sinne der Warenzeichen- und Markenschutzgesetzgebung als frei zu betrachten wären und daher von jedermann benutzt werden dürften.

Information bibliographique publiée par la Deutsche Nationalbibliothek: La Deutsche Nationalbibliothek inscrit cette publication à la Deutsche Nationalbibliografie; des données bibliographiques détaillées sont disponibles sur internet à l'adresse http://dnb.d-nb.de.

Toutes marques et noms de produits mentionnés dans ce livre demeurent sous la protection des marques, des marques déposées et des brevets, et sont des marques ou des marques déposées de leurs détenteurs respectifs. L'utilisation des marques, noms de produits, noms communs, noms commerciaux, descriptions de produits, etc, même sans qu'ils soient mentionnés de façon particulière dans ce livre ne signifie en aucune façon que ces noms peuvent être utilisés sans restriction à l'égard de la législation pour la protection des marques et des marques déposées et pourraient donc être utilisés par quiconque.

Coverbild / Photo de couverture: www.ingimage.com

Verlag / Editeur:
Presses Académiques Francophones
ist ein Imprint der / est une marque déposée de
OmniScriptum GmbH & Co. KG
Heinrich-Böcking-Str. 6-8, 66121 Saarbrücken, Deutschland / Allemagne
Email: info@presses-academiques.com

Herstellung: siehe letzte Seite /
Impression: voir la dernière page
ISBN: 978-3-8381-4933-2

Zugl. / Agréé par: Rennes, Université de Rennes 1, 2012

Copyright / Droit d'auteur © 2014 OmniScriptum GmbH & Co. KG
Alle Rechte vorbehalten. / Tous droits réservés. Saarbrücken 2014

SOMMAIRE

Introduction générale..7
Chapitre 1 : Etat de l'art
I. Les capteurs chimiques et biologiques 12
    I.1 Les capteurs chimiques..12
        I.1.1 Détection électrique ou électrochimique..13
        I.1.2 Mesure du pH..16
            I.1.2.1 Définition du pH 16
            I.1.2.2 Mesure du pH...17
            I.1.2.3 Méthode avec électrode de verre 18
        I.1.3 Les ISFETs..19
        I.1.4 Les SGFETs et la mesure du pH...23
    I.2 Les capteurs biologiques ou les biocapteurs 25
        I.2.1 Définitions...25
        I.2.2 Modes de détection 27
II. Intégration des capteurs avec un système microfluidique...............................30
    II.1 Intérêt de l'intégration avec un système microfluidique.................................30
    II.2 Introduction à la mécanique des fluides dans les microsystèmes 30
        II.2.1 Notion de fluide 31
        II.2.2 Le mouillage 31
            II.2.2.1 Tension de surface 31
            II.2.2.2 Capillarité 32
        II.2.3 La densité 32
        II.2.4 La viscosité 33
            II.2.4.1 La viscosité dynamique 33
            II.2.4.2 La viscosité cinématique 34
        II.2.5 Nombre de Reynolds 34
        II.2.6 Equations de Navier-Stokes...35

II.2.7 Hydrodynamique à l'échelle micrométrique 36
    II.2.7.1 Écoulement laminaire 36
    II.2.7.2 Écoulement turbulent 37
II.3 Définition des biopuces 37
II.4 Les laboratoires sur puce (Lab-On-Chip) 38
    II.5 Association capteurs et microfluidique 39
        II.5.1 Systèmes microfluidiques intégrant des systèmes de détection optique 39
        II.5.2 Systèmes microfluidiques intégrant un capteur mécanique ou électronique 42
        II.5.3 Systèmes microfluidiques intégrant des transistors 46
II.6 Conclusion et intérêt de l'intégration d'un FET à air gap avec un canal microfluidique 49

Chapitre 2 : Technologie du système global
I. Étapes de fabrication des transistors à grille suspendue SGFETs 52
    I.1 Introduction 52
    I.2 Description du procédé standard (haute température) [70] 53
        I.2.1 Nettoyage RCA 53
        I.2.2 Oxydation de masquage 53
        I.2.3 Photolithogravure 1 : définition des zones dopées de source et drain (masque 1) 54
        I.2.4 Dopage des zones source et drain 54
        I.2.5 Photolithogravure 2 (isolation des transistors masque 2) 55
        I.2.6 Nettoyage RCA 56
        I.2.7 Oxydation de grille 56
        I.2.8 Dépôt de nitrure de silicium 56
        I.2.9 Dépôt de la couche sacrificielle (Germanium) 57
        I.2.10 Photolithogravure 3 : ouvertures des contacts et ancrage du pont (masque 3) 57

I.2.11 Dépôt de nitrure de silicium et définition des prises de contact (masque 4) 58

I.2.12 Dépôt et définition de la couche structurelle (masque 5) 59

I.2.13 Dépôt de la couche de nitrure de silicium (masque 6) 59

I.2.14 Ouverture des contacts de drain, de source et de grille (masque 7)... 60

I.2.15 Dépôt d'aluminium et définition des pistes métalliques (masque 8). 61

I.2.16 Encapsulation (masque 9) 61

I.2.17 Libération de la grille du SGFET 62

I.3 Description du procédé basse température 64

    I.3.1 Couche d'isolation 64

    I.3.2 Dépôt du silicium polycristallin 64

    I.3.3 Définition des zones dopées de source et drain (masque 1) 65

    I.3.4 Isolation des transistors (masque 2) 66

I.4 Configuration et dimensions des transistors 67

I.5 La hauteur de grille 68

I.7 Synthèse des différents capteurs 69

II. Procédé de réalisation des canaux microfluidiques en PDMS 69

    II.1 Préparation des moules en SU8 70

    II.2 Préparation du PDMS 71

    II.3 Méthode de collage 72

    II.4 Schéma des différentes géométries utilisées et leur intérêt 72

        II.4.1 La géométrie parallèle 72

        II.4.2 La géométrie perpendiculaire 73

III. Problématique de compatibilité entre les deux technologies 73

IV. Mise au point et améliorations technologiques 75

    IV.1 Isolation des pistes (protection finale) 75

        IV.1.1 Choix des matériaux d'isolation 75

        IV.1.2 Test d'isolation entre les pistes d'aluminium (avec une goutte sur les pistes) 76

IV.1.3 Gravure des différentes couches d'isolation 77

IV.1.4 Tests électriques 78

IV.2 Vérification de l'isolation électrique après collage des canaux microfluidiques 80

IV.3 Principale difficulté technologique non résolue 81

Conclusion 81

Chapitre 3 : Caractérisations électriques des capteurs SGFETs

I. Fonctionnement des transistors à grille suspendue SGFET 84

I.1 Structure et principe de fonctionnement du transistor à effet de champ à grille isolée MOSFET (type P) 84

I.2 Cas des transistors en technologie films minces (silicium polycristallin) . 87

I.3 Caractérisation des transistors à grille suspendue SGFETs 87

I.3.1 Caractéristique de transfert 87

I.3.2 Caractéristiques de sortie 88

I.3.3 Tension de seuil 89

I.3.4 Mobilité d'effet de champ 90

I.3.5 Pente sous le seuil 91

I.3.6 Rapport I_{ON}/I_{OFF} 92

II. Caractérisations des SGFETs dans l'air 92

III. Caractérisations dans l'eau et mesure du pH 94

III.1 Introduction 94

III.2 Préparation des solutions 94

III.3 Procédure de la caractérisation électrique 95

III.4 Caractérisations électriques des SGFETs dans l'air et dans l'eau 95

Le courant de fuite I_{GS} 95

Effet de la géométrie des SGFETs 97

III.5 Evolution de la caractéristique de transfert du SGFET avec le pH des solutions tests 100

Sommaire

    III.5 Résultats sur la sensibilité des SGFETs au pH des solutions à base de NaOH.. 102

    III.6. Effet de l'épaisseur du gap sur la sensibilité du SGFET au pH 110

    III.7. Effet des autres paramètres technologiques sur la sensibilité du SGFET au pH 112

IV. Stabilité de la mesure en statique 113

    IV.1 Nécessité d'un Hold 114

    IV.2 Le rinçage et la stabilité de la mesure en statique 115

Conclusion 117

Chapitre 4 : Caractérisation des SGFETs intégrés avec les canaux microfluidiques

I. Schéma du montage 120

II. Effets du débit d'écoulement 122

III. Suivi du rinçage à l'eau DI et étude de stabilité des SGFETs 123

    III.1 Rinçage en utilisant une seule solution pH et stabilité de la mesure en statique 123

    III.2 Rinçage avec deux solutions pH et stabilité de la mesure en statique ... 125

        III.2.1 Effet du temps de rinçage 126

        III.2.2 Effet de la polarisation 128

        III.2.3 Rinçage avec plusieurs débits 129

IV. Evolution des caractéristiques avec le pH 129

V. Evolution de la valeur du courant du drain en fonction du temps (sampling) 131

    V.1 Description des expériences 131

    V.2 Evolution du courant de drain dans les milieux aqueux 131

    V.3 Détection air / liquide 134

    V.4 Détection pH1 / pH2 135

    V.5 Effet du changement du débit (mesure en dynamique) 136

Conclusion 138

Chapitre 5 : Caractérisations des capteurs SGFETs en fréquence
I. Caractérisation des transistors et étude de leur réponse en fréquence 140
    I.1 Description de l'expérience 140
    I.2 Circuit de polarisation du transistor 140
        I.2.1 Caractéristiques du transistor en statique 141
        II.2.2 Polarisation de la grille 141
        I.2.3 Droite de charge (de sortie) 142
        I.2.4 Polarisation du drain 143
    I.3 Modèle petits signaux du montage (source commune) 143
    I.4 Réponse en fréquence (effet Miller) 144
    I.5 représentation fréquentielle du gain du transistor à effet de champ 145
    I.6 Réponse du SGFET en fréquence 146
        I.6.1 Calcul de la transconductance g_m 147
        I.6.2 Calcul de la résistance dynamique R_{DS} 147
        I.6.2 Calcul du gain en décibel 148
        I.6.3 Etude en fréquence du SGFET 149
II. Résultats expérimentaux 149
    II.1 Transistor SGFET seul sans les canaux microfluidiques 149
    II.2 Transistor SGFET avec les canaux microfluidiques 156
Conclusion et perspectives 158

Conclusion générale 159

Références 163

Introduction générale

Ce travail est développé dans le cadre du projet Basic Lab inscrit dans le programme du CPER 2007-2013 (Contrat Plan Etat Région) qui a pour but général la conception d'un assistant automatique de laboratoire sur puce. Ce projet consiste en particulier à réaliser un système d'analyse chimique et biologique complexe comportant des chambres d'expérimentation reliées par des systèmes microfluidiques à des micro-chambres d'analyse comportant différents capteurs.

Les laboratoires sur puce ou lab-on-chip ont émergé dans les années 1990. Ils font partie de la famille des biopuces, ce sont des microsystèmes conçus pour l'analyse biologique : des petites surfaces de quelques centimètres carrés sur lesquelles sont intégrées les différentes étapes d'analyse allant de la préparation des échantillons jusqu'aux résultats, en remplaçant ainsi les grands appareils d'analyse biologique. Des tels systèmes intègrent à la fois des technologies microélectroniques, biologiques, chimiques, et des systèmes microfluidiques assurant le transport et la préparation des échantillons, comportant des compartiments pour le stockage et la réaction biochimique, ainsi qu'un système de détection pour la caractérisation.

Les travaux présentés dans ce document s'inscrivent dans la suite logique des recherches développées par le département Microélectronique et Microcapteurs du laboratoire IETR pour la réalisation d'une part des transistors à effet de champ à grille suspendue SGFETs et d'autre part leur fonctionnalisation en tant que capteurs chimiques et biologiques pour la mesure du pH, des protéines et l'hybridation d'ADN. Pour une utilisation de ces capteurs dans les milieux aqueux et une portabilité du système, il est intéressant d'intégrer ces capteurs sur un système microfluidique comportant des microcanaux en polymère PDMS.

Cette intégration présentera beaucoup d'intérêt et des avantages. Dans un premier temps, le système microfluidique va permettre de transporter des quantités précises de liquides à analyser au niveau du capteur, mais servira également à assurer une meilleure isolation entre le capteur et le milieu extérieur, un meilleur contrôle et une meilleure stabilité de la solution à tester (élimination d'évaporation par exemple). De plus, il permettra l'utilisation de chambres de mesure de très faible contenance (volumes de tests très réduits).

L'objectif de ce travail de thèse est tout d'abord de déterminer la compatibilité entre les technologies de microfabrication et de microfluidique intégrée développées par l'équipe BIOMIS du laboratoire SATIE de l'ENS Cachan, antenne de Bretagne (moulage PDMS- par microstructures en SU-8) et les capteurs de charges SGFETs de grande sensibilité développés à l'IETR. La caractérisation des systèmes est réalisée de manière à optimiser les paramètres technologiques ainsi que les protocoles de tests visant à améliorer les performances des capteurs de pH.

Ce manuscrit est divisé en cinq chapitres.

Le premier chapitre est consacré à l'état de l'art sur les biocapteurs et leur intégration sur des systèmes microfluidiques. Il comporte deux grandes parties. Le premier point présente les différents types de capteurs chimiques et biologiques et leurs différents modes de détection et en particulier les différentes méthodes de mesure du pH. Le deuxième point est consacré à l'association des capteurs biologiques avec des systèmes microfluidiques et met surtout l'accent sur l'intégration des transistors sur un système microfluidique.

Le deuxième chapitre présente la conception du système complet : le capteur et le système microfluidique. Il est scindé en trois sections. La première section décrit le procédé standard de fabrication des transistors à effet de champ à grille suspendue SGFET avec ses différentes étapes de dépôts et de gravures des couches. Une deuxième section est réservée au procédé de réalisation des microcanaux en PDMS et à la procédure du collage de ces canaux sur les SGFETs en fin du procédé. Enfin, la dernière section est consacrée à la mise au point et à l'amélioration concernant la technologie de fabrication de ces transistors, à savoir le choix de la couche finale de protection et de passivation permettant l'utilisation des SGFET dans les milieux aqueux.

Le troisième chapitre regroupe la méthode et les résultats de caractérisation des transistors SGFETs seuls, c'est à dire sans les microcanaux en PDMS. Dans un premier temps, nous définissons le principe de fonctionnement de ces transistors ainsi que tous les paramètres électriques qui les caractérisent. Ensuite, nous décrirons la procédure de caractérisation dans les milieux liquides, la préparation des solutions à différentes valeurs du pH et la validation des SGFETs comme capteurs du pH. La dernière partie est consacrée à l'étude de la sensibilité du pH des SGFETs et la stabilité des mesures.

Le quatrième chapitre est quant à lui divisé en trois grandes parties et il est consacré à la caractérisation électrique des SGFETs intégrés avec le système microfluidique. La première partie aborde les différents protocoles établis pour l'étape du rinçage des SGFETs nécessaire après chaque mesure. La stabilité de la mesure suivant le protocole du rinçage est ensuite évoquée. La deuxième partie traite de la sensibilité au pH des capteurs associés au canal microfluidique. Enfin, la dernière partie est consacrée au suivi de la réponse en courant du transistor en temps réel (en fonction du temps). Nous verrons la possibilité de détecter l'arrivée du liquide au transistor (transition air/eau) ainsi que l'effet du changement du débit d'écoulement dans les canaux microfluidiques pour la même valeur de pH.

Le cinquième chapitre est consacré à l'étude du comportement en fréquence des SGFETs avec et sans les microcanaux en PDMS. Il est scindé en deux sections. La première section est dédiée à la caractérisation électrique en statique comprenant le choix du point de polarisation, le montage du circuit de polarisation, et le modèle à petits signaux du montage. Dans la deuxième section, les résultats expérimentaux du gain en décibel en fonction de la fréquence sont présentés et comparés à ceux calculés à partir des paramètres électriques extraits des caractéristiques d'entrée et de sortie du transistor.

Introduction générale

Une conclusion générale permet de dégager les principaux résultats de ces différentes études et décrit les perspectives de ce travail.

CHAPITRE I :
Etat de l'art

Dans ce premier chapitre, nous allons présenter des généralités sur les capteurs chimiques et biologiques en s'attardant particulièrement sur les capteurs proches des structures que nous utiliserons pour la détection. Par ailleurs, nous montrerons l'intérêt d'intégrer ces capteurs dans des systèmes microfluidiques. Des exemples de réalisation, tirés de la bibliographie, seront présentés.

I. Les capteurs chimiques et biologiques

I.1 Les capteurs chimiques

En général les capteurs chimiques sont utilisés pour détecter les espèces chimiques telles que les concentrations ioniques, le pH [1], l'oxygène, ou des espèces biologiques telles que les enzymes par exemple.

Les applications de ces capteurs sont très diverses et s'adressent à des secteurs très variés, comme le synthétise la figure suivante.

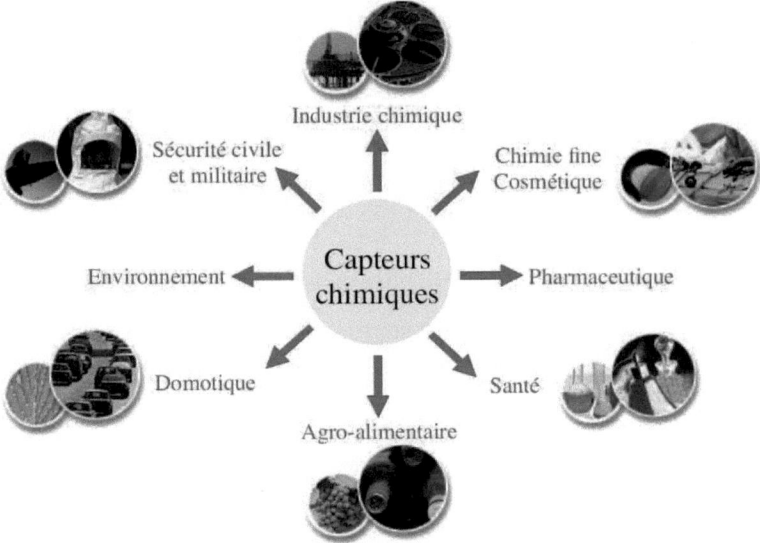

Figure 1. Grands domaines d'application des capteurs chimiques, d'après [2].

Pour répondre à ces demandes ; de nombreuses technologies ont alors été développées [2]. Les grandes familles sont rappelées dans la figure 2 ci-dessous. Ces capteurs fonctionnent sur des principes physiques ou chimiques très variés, et utilisent des matériaux spécifiques.

Chapitre I. *État de l'art*

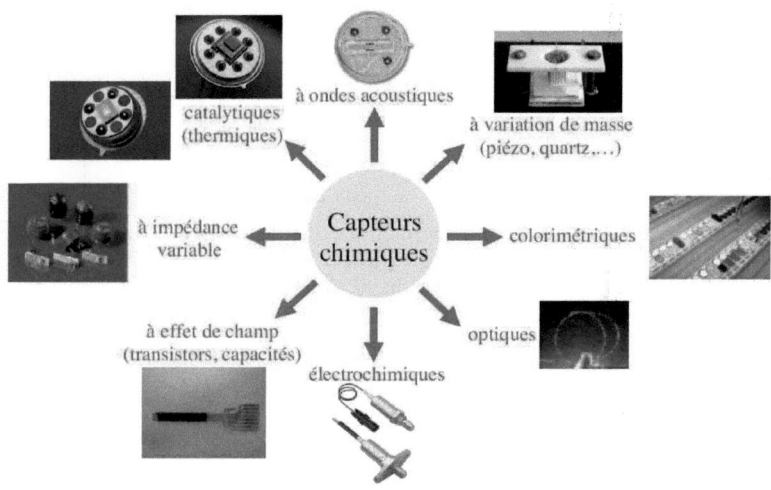

Figure 2. Grandes familles de microcapteurs chimiques, d'après [2].

Nous nous intéressons particulièrement durant cette thèse à ceux utilisés pour la mesure du pH et utilisant un principe de détection électrique. Avant d'aborder spécifiquement la mesure du pH et les capteurs de pH, nous allons décrire les modes de détection basés sur l'électrochimie.

I.1.1 Détection électrique ou électrochimique

Le principe de base repose sur la réponse électrique du capteur à un environnement chimique. Ses propriétés électriques sont influencées par la présence des espèces chargées en phase liquide ou gazeuse [3,4]. Il y a trois modes de transduction :

Conductimétrie : elle consiste à mesurer la conductance de la solution en utilisant un courant alternatif. Autrement dit, cette méthode utilise la variation de l'impédance électrique entre les deux électrodes immergées dans cette solution. Cependant, cette méthode n'est pas sélective par son principe de fonctionnement, elle est donc principalement utilisée pour le suivi de la concentration d'une espèce dans une solution donnée [1].

Ampérométrie : cette méthode consiste à mesurer le courant passant entre deux électrodes (mesure et contre électrode) plongées dans une solution, en fonction de la tension appliquée entre ces deux électrodes [1].

L'électrode à Oxygène ou électrode de Clark [5], (détection d'O_2, ou détection de glucose) est le capteur le plus connu et le plus ancien des capteurs utilisant ce principe. Ce genre de capteurs a été utilisé pour la détection de glucose [5,6] notamment, de lactate [7], dans l'hybridation d'ADN [8], la détection des gaz [9], etc.

Potentiométrie : c'est la méthode la plus importante en pratique, car elle est à la base du fonctionnement de la majorité des électrodes à membranes sélectives (sélection d'une espèce ionique présente dans une solution parmi d'autres) [1,10]. Son principe repose sur la mesure de la différence de potentiel qui se développe entre deux électrodes (une électrode indicatrice couplée à une électrode de référence) en présence ou à cause de l'activité de l'espèce présente dans la solution (figure 3).

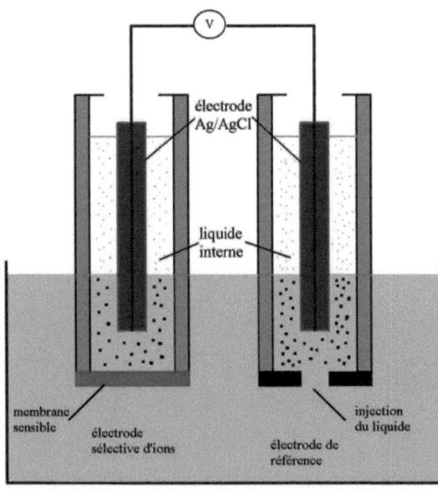

Figure 3. Principe de la potentiométrie à électrode sélective d'ions.

Les méthodes potentiométriques et ampérométriques rentrent dans la discipline appelée « l'électrochimie » [1]. L'électrochimie est basée sur l'équation de Nernst qui relie la différence de potentiel entre une électrode de référence, et une électrode immergée dans une solution qui contient un couple redox, aux activités réactives des espèces contenues dans cette solution, de manière logarithmique.

Cette équation peut s'écrire sous la forme :

$$E = E^0 + \left(\frac{RT}{nF}\right) \ln \frac{a_{ox}}{a_{red}} \qquad (1)$$

Où

E est le potentiel d'équilibre de l'électrode.

E^0 est le potentiel standard du couple redox mis en jeu.

R est la constante des gaz parfaits, égale à 8,314570 J/mol·K.

T la température en kelvin.

n est le nombre d'électrons transférés dans la demi-réaction.

F est la constante de Faraday, égale à 96 485 C/mol = 1 F.

a l'activité chimique de l'oxydant et du réducteur.

Or, à température ambiante (25°C) :

$$\left(\frac{RT}{F}\right) \ln 10 \approx 0,059 \qquad (2)$$

En assimilant les activités chimiques aux concentrations et en remplaçant l'équation (2) dans (1) :

$$E = E^0 + \frac{0,059}{n} \log \frac{[ox]}{[red]} \qquad (3)$$

Avec [ox] la concentration de l'oxydant, et [red] la concentration du réducteur.

Deux méthodes potentiométriques sont utilisées. La première utilise le principe de mesure de potentiel d'électrode ; elle se sert de deux électrodes, l'une fixe sert de référence (électrode au Calomel ou électrode en argent pour les plus utilisées) [1], et l'autre sur laquelle est fixé le ligand (le biorécepteur). Une variation de ce potentiel est possible lors des réactions entre le ligand et l'analyte.

Donc, une membrane perméable à un ion ou au ligand peut être insérée entre l'électrode et la solution afin de rendre le capteur sélectif à un type d'ion et former une ISE (Ion Selective Electrode) [11], pour la détection des ions H_3O^+ (donc du pH) par exemple [12, 13, 14].

La deuxième méthode utilisant le principe potentiométrique consiste à employer les transistors à effet de champ (FET : Field Effect transistor), dont l'électrode du haut, appelée Grille, est sensible aux charges sur sa surface. En remplaçant cette électrode par une électrode sensible aux ions (ISE), on obtient un ISFET (Ion Sensitive FET). Si une couche catalytique est intégrée sur cette électrode, il est possible d'utiliser ce principe dans les capteurs biologiques comme les ENFETs [15-18] (EN pour enzymes), etc.

On s'intéressera de près à ces capteurs à base des transistors à effet de champ notamment dans la détection et la mesure du pH dans la suite de ce chapitre. Les avantages majeurs des FETs sont leur temps de réponse court (entre 5 à 10 minutes) contre 30 minutes environ pour les électrodes ISEs, ainsi que leur temps d'analyse [19]. De plus, leur fabrication en masse permet une production à faible coût. Par ailleurs, les ISFETs sont robustes, miniaturisables, et avec une faible impédance de sortie [20]. Ces capteurs sont commercialisés comme des capteurs de pH mais peuvent trouver beaucoup d'autres applications chimiques ou biologiques, de nombreux exemples étant cités dans la littérature [21-23].

I.1.2 Mesure du pH

I.1.2.1 Définition du pH

Le pH est lié à la concentration d'ions H_3O^+ dans la solution. En 1909, le biochimiste danois Soren Sorensen [24] a développé l'échelle du pH qui varie de 0 à 14 (figure 4), et introduit la définition du pH comme l'opposé du logarithme décimal de concentration des ions $[H_3O^+]$ dans la solution :

$$pH = -\log([H_3O^+]) \qquad (4)$$

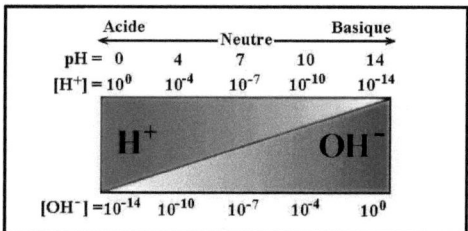

Figure 4. L'échelle de variation du pH, d'après [24].

Le comportement des ions ne dépend pas, en réalité, de leur concentration mais plutôt de leur activité, sauf dans le cas des solutions très diluées où il est possible de négliger la différence entre la concentration et l'activité. Donc pour les solutions très concentrées, la relation suivante rentre en rigueur : $pH = -\log(a_{H^+})$ où a_H^+ est l'activité des ions H_3O^+.

La mesure et le contrôle du pH, lié à la quantité d'ions d'hydrogène dans la solution, sont très importants en chimie (mesure de l'acidité), en biochimie ou pour les sciences environnementales. Par exemple, la mesure de l'acidité du sol joue un rôle fondamental dans la rentabilité des cultures. Les applications sont également très importantes dans le domaine médical pour la mesure du pH sanguin, du pH de l'urine ou de la salive, et encore la détection d'infection dans la cornée par la mesure de son pH. Dans le secteur agro-alimentaire, la mesure du pH permet de contrôler les processus de fabrication (fermentation, hydrolyse,...). Il existe également des applications simples de mesure du pH dans les eaux des piscines, des réservoirs, ou pour les réseaux d'eau potable.

I.1.2.2 Mesure du pH

Plusieurs méthodes existent pour mesurer le pH : les indicateurs colorés (rouge phénol), les bandes de pH (papier pH), les méthodes à électrodes métalliques (électrode d'hydrogène [25, 26], électrode à la quinhydrone [27] et électrode d'antimoine [28, 29]) qui utilisent le principe potentiométrique. La majorité des pH-mètres commercialisés aujourd'hui utilisent la différence du potentiel entre deux électrodes dans une solution, comme l'électrode de verre [1].

D'autres méthodes récentes sont développées pour la mesure du pH. Les capteurs à base de fibres optiques [30-31] utilisent des molécules dont les propriétés spectrales dépendent du pH. Les capteurs de pH sensibles à la masse [32] sont basés sur un hydrogel changeant de masse avec le pH, et sont couplés à un capteur piézoélectrique dont la fréquence de résonance varie avec la masse. Il existe également des capteurs de pH à base d'électrodes d'oxydes métalliques [33-36], des capteurs de pH à base de polymères sensibles au pH comme le polypyrrole ou la polyaniline [38-40], des capteurs de pH à base de microcantilevers [41-42], et finalement des transistors de type ISFETs intégrant une membrane sensible au pH [20, 43-46]

I.1.2.3 Méthode avec électrode de verre

L'électrode de verre est couramment utilisée pour la mesure du pH. Elle est constituée d'une membrane très fine de verre sensible aux ions H_3O^+, et d'une électrode de référence interne. Elle est souvent combinée avec une électrode de référence (l'électrode au Calomel).

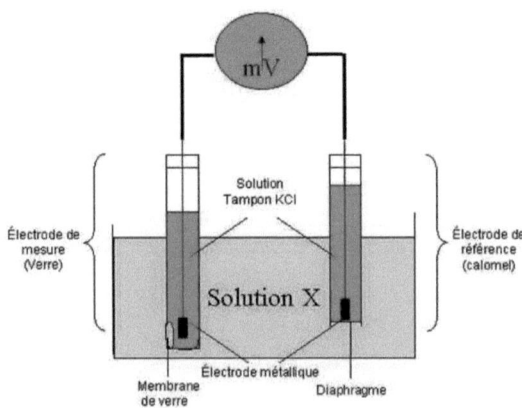

Figure 5. Schéma de principe de l'électrode de verre.

Son fonctionnement est basé sur le rapport qui existe entre la concentration en ions H_3O^+ (définition du pH) et la différence de potentiel électrochimique qui s'établit dans le pH-mètre une fois plongé dans la solution étudiée.

La fragilité de ces électrodes ne permet pas de les utiliser dans les milieux alimentaires par exemple ni dans des fluides ayant des écoulements importants. De plus, elles ne peuvent être utilisées pour des applications nécessitant des hautes pressions ou des températures élevées.

Elles ne sont pas miniaturisables, et elles nécessitent donc de grandes quantités de liquides.

La possibilité de concevoir un pH_mètre sur une seule puce a fait l'objet de travaux de recherche ayant pour but de réduire les dimensions du couple d'électrodes du pH mètre et de les intégrer directement sur du silicium. Ceci a abouti à la réalisation des transistors dits ISFET (Ion Sensitive Field Effect Transistor).

I.1.3 Les ISFETs

Le premier ISFET a vu le jour en 1970 grâce à P. Bergveld [43] qui a utilisé l'oxyde de silicium comme couche sensible pour la détection du pH, ou plus précisément la mesure de l'activité d'ions d'hydrogène dans la solution. Cependant la réponse du capteur au pH n'était ni Nernstienne ni linéaire (sensibilité entre 30 et 35 mV/pH). L'utilisation du nitrure de silicium (Si_3N_4), élaboré par différentes techniques CVD (Chemical Vapor Deposition), comme par LPCVD (Low Pressure CVD) [47] ou PECVD (Plasma Enhanced CVD) [48], à la place de l'oxyde de silicium, a montré une sensibilité au pH de l'ordre de 56 mV/pH [49].

La structure des capteurs ISFETs est directement issue de la structure du transistor MOSFET, composant classique dans les circuits intégrés. Le transistor MOSFET est constitué d'un substrat silicium de dopage p (dans le cas d'un MOSFET à canal n) où sont implantées deux zones de dopage n formant le drain et la source et auxquelles sont reliées des électrodes métalliques. La zone centrale située entre drain et source est le canal. Une fine couche isolante (SiO_2) surmonte le canal et une métallisation supérieure constitue l'électrode de grille, qui est l'électrode de contrôle de la conductivité du canal. Le principe de fonctionnement du MOSFET repose sur l'effet de champ appliqué entre la grille, l'isolant et le substrat. Lorsque la différence de potentiel entre la grille et le substrat est nulle, il ne se passe rien. Au fur et à mesure de l'augmentation de cette différence de potentiel, les charges libres, ici les trous, dans le semi-conducteur sont repoussées de la jonction semi-conducteur/oxyde, et lorsque la différence de potentiel est suffisamment grande (appelée tension de seuil) il apparaît une zone d'inversion. Cette zone d'inversion est donc une zone où le type de porteurs de charges est opposé à celui du reste du substrat, dans notre cas il s'agit des électrons créant ainsi un canal de conduction entre la source et le drain.

Les transistors ISFETs (Ion Sensitive Field Effect Transistor) sont des transistors MOS dont l'électrode de grille est remplacée par une membrane sélective d'ions, une électrode de référence et une solution analytique. La membrane sélective peut être SiO_2, Al_2O_3 [50, 51], Si_3N_4 [52-54] ou Ta_2O_5 [55, 56] dans le cas de détection des variations de pH.

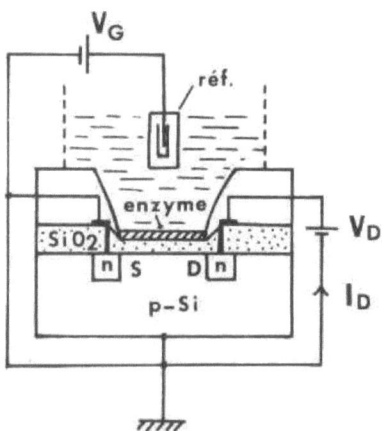

Figure 6. Schéma de principe d'un ISFET, d'après [57].

La surface de cette membrane constituant en partie l'isolant de la grille interagit avec les ions H_3O^+ présents dans le liquide ; en conséquence, une variation du pH affecte la tension de seuil de l'ISFET en modifiant le potentiel électrolyte-isolant [57].

La tension de seuil va donc être fonction des caractéristiques chimiques, et elle peut être écrite sous la forme :

$$V_T = W_{Si} - W_{ref} + \varphi_0 - \frac{Q_{ox} + Q_{ss}}{C_{ox}} - 2\varphi_f = V_{T0} + \varphi_0 \qquad (5)$$

Où $W_{Si} - W_{ref}$: la différence des travaux de sortie entre le silicium W_{Si} et l'électrode de référence W_{ref}.

φ_0 : est le potentiel chimique

Q_{OX} : est la charge dans l'oxyde de silicium

Q_{SS} : est la charge dans l'isolant de grille

C_{OX} : est la capacité de l'oxyde de silicium

φ_f : est la différence entre le niveau de Fermi et le niveau intrinsèque

V_{T0} : est la tension de seuil de l'ISFET.

Ainsi, V_{T0} ne dépend que des caractéristiques du composant ISFET et φ_0 représente la différence de potentiel entre la membrane sensible et l'électrolyte.

Le principe de fonctionnement de l'ISFET est donc basé sur le piégeage des ions au niveau de la couche sensible. Les charges piégées vont induire une variation du potentiel chimique φ_0 et donc de la tension de seuil du transistor.

Les modèles qui permettent de calculer le potentiel chimique φ_0 font une analyse complète de l'interface électrolyte/semi-conducteur. Le modèle le plus utilisé aujourd'hui est celui de Gouy-Chapman-Stern [58] pour présenter la distribution de charges à l'interface oxyde-électrolyte pour une surface de silice par exemple. Dans ce cas, le potentiel de surface φ_0 est le résultat des réactions chimiques de dissociation des groupements de silanol Si-OH sur la surface d'oxyde. La théorie de Site-Binding tirée des travaux de Bousse [59], explique ce procédé chimique.

D'après ce modèle, une double couche se forme à l'interface électrolyte/oxyde. La première couche du côté de l'électrolyte appelée couche diffuse de charges peut être assimilée à une zone de charge d'espace de semi-conducteur. La seconde couche du côté de l'oxyde contient les groupements Silanols qui pourront perdre ou acquérir des protons H^+ libres. Un changement du pH de la solution modifiera électriquement cette double couche et par conséquent cela engendra une variation au niveau du potentiel φ_0. Comme la réponse des ISFETs aux variations du pH ne pouvait pas s'expliquer par la diffusion des ions H_3O^+ dans la couche d'oxyde, la théorie de Site-Binding a été employée afin d'expliquer les réactions avec les ions hydrogènes à l'interface électrolyte/oxyde. Cette théorie implique l'existence des sites SiOH de caractère amphotère à cette interface, ces sites pouvant être selon le pH de la solution, chargés positivement, négativement ou être neutres. Le pH particulier pour lequel la charge électrique est nulle à la surface de l'oxyde est noté pH_{pzc} (Point of Zero Charge) [60].

Les réactions de dissociation des sites silanols sont décrites par les équations d'équilibre suivantes :

$$SiOH \rightarrow SiO^- + H_s^+ \quad \text{avec} \quad K_a = \frac{[SiO^-][H_s^+]}{[SiOH]} \quad (6)$$

$$SiOH_2^+ \rightarrow SiOH + H_s^+ \quad \text{avec} \quad K_b = \frac{[SiOH][H_s^+]}{[SiOH_2^+]} \quad (7)$$

Où K_a et K_b sont les constantes de dissociation, $[H_s^+]$ est la concentration des protons à la surface du SiO_2, et $[H^+]$ est la concentration d'ions d'hydrogène dans l'électrolyte, qui peut être liée à la précédente par la statistique de Boltzmann :

$$[H_s^+] = [H^+] e^{(-q\varphi_0 / KT)} \quad (8)$$

En tirant la concentration $[H_s^+]$ à partir des équations d'équilibre et en la substituant dans la (8) on aura :

$$2.303(pH_{pzc} - pH) = \frac{q\varphi_0}{KT} + \ln \left(\frac{[SiOH_2^+]}{[SiO^-]} \right)^{1/2} \quad (9)$$

Avec $pH_{pzc} = -\log_{10}(K_a K_b)^{1/2}$ et $pH = -\log[H^+]$ (le pH de la solution).

Après quelques lignes de calculs et de substitutions, l'équation peut être écrite sous cette forme :

$$\varphi_0 = 2.303 \frac{KT}{q} (pH_{pzc} - pH) \left(\frac{\beta}{1+\beta} \right) \quad (10)$$

β est un facteur de sensibilité qui caractérise l'interface isolant/électrolyte, et il est donné par :

$$\beta = \frac{2q^2 N_s (K_a K_b)^{1/2}}{KTC_d} \qquad (11)$$

Avec C_d est la capacité de l'interface à double couche électrolyte/oxyde. K est la constante de Boltzmann, q la charge élémentaire, et T la température en Kelvin. N_s est la densité totale des sites à l'interface SiO_2/électrolyte et est égale à :

$$N_s = [SiOH] + [SiO^-] + [SiOH_2^+] \qquad (12)$$

La sensibilité peut s'écrire sous la forme suivante :

$$S = \frac{d\varphi_0}{dpH} = 2.303 \frac{KT}{q} \left(\frac{\beta}{1+\beta}\right) \qquad (13)$$

Pour un bon isolant, le facteur β est très grand devant 1, et à une température ambiante de 300K, le quotient $\left(\frac{\beta}{1+\beta}\right)$ est égal à 1, et la sensibilité est Nersntienne (S = 59,5 mV/pH)

I.1.4 Les SGFETs et la mesure du pH

Dans la structure SGFET (Suspended Gate Field Effect transistor), la grille est suspendue au-dessus de l'isolant de grille. L'espace entre le métal de grille et l'isolant de grille (que nous appelons gap) est accessible au milieu à détecter.
La tension appliquée sur l'électrode de grille fait varier la conductance entre les deux régions source-drain, ce qui fait varier le courant dans le canal situé en dessous. La source et le substrat dans le circuit électronique sont portés au même potentiel, en général la masse.
Le premier transistor à grille suspendue, a été fabriqué par Blackburn *et al* en 1983 [61] : inspiré de la sonde de Kelvin (1897) [62], il est formé d'une capacité composée de deux armatures, l'une en cuivre et l'autre en palladium. Le point de ressemblance réside dans le fait que la grille en Platine est suspendue approximativement à 1µm au-dessus de l'isolant de grille, formant ainsi un gap (isolant de condensateur). Le transistor était sensible aux vapeurs de méthanol et de chlorure de méthanol.

Chapitre I. *État de l'art*

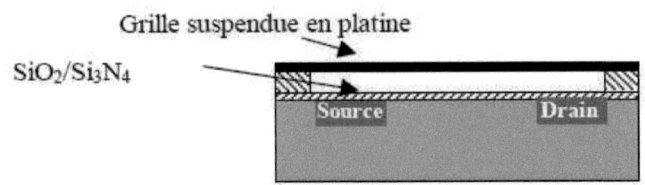

Figure 7. Structure d'un transistor à grille suspendue, d'après [61].

En principe, dans une telle structure, la valeur du courant de drain peut être modulée par les différentes constantes diélectriques des différents gaz dans l'espace sous la grille. Mais l'effet principal sur cette valeur du courant est surtout lié à la modulation de l'énergie de surface à l'interface grille-métallique/gaz dû au processus d'absorption [63].

Comme le transistor à effet de champ à grille suspendue est similaire à un transistor MOS dans sa structure, la tension de seuil V_{th} peut s'écrire dans le cas d'un transistor à grille suspendue sous la forme suivante :

$$V_{th} = W_G - W_{Si} + 2\varphi_f - \left(\frac{Q_{SS} - Q_{BO} \pm Q_{gap}}{C_T} \right) \quad (14)$$

$$\text{avec } \frac{1}{C_T} = \frac{1}{C_I} + \frac{1}{C_{gap}} \quad (15)$$

Où :

W_G : est le travail de sortie du matériau de grille,

W_{Si} : est le travail de sortie du semi-conducteur,

φ_f : est la différence entre le niveau de Fermi et le niveau intrinsèque,

Q_{SS} : est la charge dans l'isolant de grille,

C_I est la capacité de l'isolant de grille,

C_{gap} est la capacité correspondant au gap,

Q_{BO} est la charge de l'espace dans la région de déplétion au début de la forte inversion,

Q_{gap} la charge dans le gap.

Différentes technologies de transistors à grille suspendue ont été développées par la suite, comme par exemple la technique utilisant le processus monocouche « Lift-off »[64], qui permet de déposer des matériaux sélectifs avant que la grille suspendue ne soit faite, tandis que la source et le drain sont toujours fabriqués en utilisant les techniques standard du CMOS [65-67]. Les applications de ces structures sont orientées vers les capteurs de gaz.

Boucinha *et al* [68] ont ensuite réalisé un TFT (Thin Field Transistor) à grille suspendue en utilisant un processus compatible avec des substrats en verre de faible coût, à basse température.

Toutes ces structures exploitent la variation du travail de sortie comme paramètre sensitif, ce qui limite leur sensibilité à une réponse Nernstienne. Il est possible d'augmenter beaucoup la sensibilité en introduisant l'effet de champ comme paramètre supplémentaire.

Des transistors à grille suspendue ont été réalisés à l'IETR, à partir de silicium polycristallin. Grâce aux travaux de Hicham Kotb *et al* [69], des structures ayant une bonne stabilité mécanique de la grille et de bonnes caractéristiques électriques ont été fabriquées et étudiées, pour des applications dans des milieux gazeux comme les capteurs d'ambiance. Suite à ces travaux, Farida Bendriaa [70] a montré la faisabilité d'utiliser ces transistors en tant que capteurs en solution pour des applications chimiques (mesure du pH), et biologiques. Les dernières applications ont fait l'objet de deux sujets de thèse par la suite, Maxime Harnois [71] en utilisant cette structure pour l'hybridation d'ADN et Aurélie Girard [72] comme capteur de protéines.

I.2 Les capteurs biologiques ou les biocapteurs

I.2.1 Définitions

Les biocapteurs sont des dispositifs issus de la micro fabrication, qui utilisent des réactions biochimiques pour détecter une espèce biologique, des molécules spécifiques (ADN, Protéines, Anticorps, Enzymes..) d'une manière quantitative et sélective. C'est ce que l'on appelle la bio-reconnaissance, elle est basée sur le greffage d'un composant analyte cible sur un ligand récepteur où il sera immobilisé [1-4,73].

Tout dispositif capable de transformer un phénomène biologique en un signal physique mesurable, peut être appelé un biocapteur. De façon générale, un biocapteur tel que décrit par la figure 8 est donc composé essentiellement d'un « biorécepteur » qui est un composant biologique sensible ou qui aide à immobiliser la molécule à analyser, et un « transducteur » physique ou chimique [74] utilisant un des modes de détection qui seront évoqués ultérieurement.

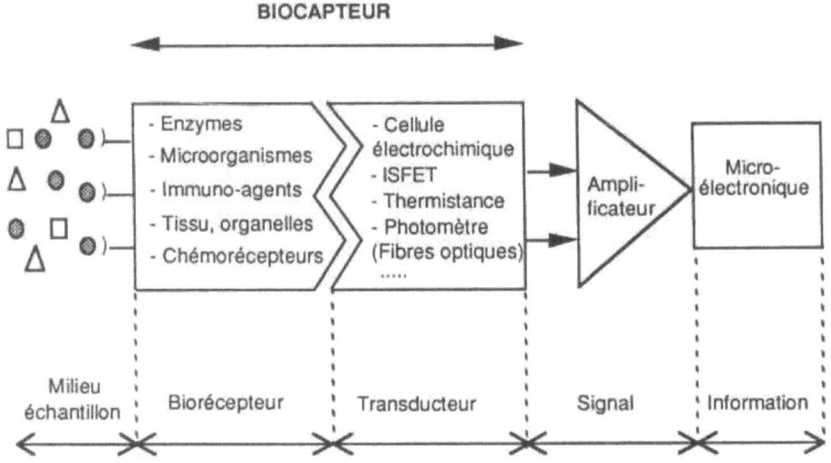

Figure 8. Principe de fonctionnement d'un biocapteur, d'après [74]

L'utilisation de microstructures et de systèmes microfluidiques [75], a beaucoup aidé à améliorer les performances et la sensibilité de ces biocapteurs, et permet leur intégration dans un laboratoire-sur-puce LAB-ON-CHIP, ou leur mise en parallèle (les biopuces) avec une bio-reconnaissance spécifique à chaque biocapteur. Un paragraphe est dédié à leur intégration dans la suite de ce chapitre.

Les biocapteurs ont trouvé un vaste champ d'applications notamment dans les domaines biomédical (hybridation d'ADN, diagnostiques...), pharmaceutique ou environnemental (contrôle de la pollution dans l'eau et dans l'atmosphère terrestre)...

Deux types de biocapteurs peuvent être distingués selon la nature de la reconnaissance. Les systèmes à affinité sont directement sensibles au greffage de l'analyte avec son ligand alors que les dispositifs catalytiques (ou métaboliques) utilisent généralement une enzyme comme réactant qui produit une réaction biochimique qui sera signalée par le transducteur [4, 76].

Donc, un biocapteur se distingue d'autres capteurs par le fait qu'il a recours à des transductions biochimiques entre l'espèce à mesurer (glucose....) et l'espèce à laquelle répond le capteur chimique. Cependant, certains capteurs chimiques tels que ces capteurs de pH, O_2, CO_2 et quelques électrodes sélectives (Ca^{2+}, Na^+, K^+) peuvent être utilisés in vivo et, à ce titre, mériter l'appellation de biocapteurs [77].

I.2.2 Modes de détection

Les modes de détection les plus utilisés sont, les détections électrique, optique ou mécanique.

Détection optique

Les techniques optiques sont les plus répandues dans le domaine de la biologie. Elles sont basées essentiellement soit sur la fluorescence soit sur la chimiluminescence.

La détection par fluorescence repose sur les marqueurs fluorescents qui émettent un faisceau lumineux à des longueurs d'onde spécifiques. La présence et l'augmentation ou la diminution du signal optique peut indiquer une réaction de liaison [78]. La figure 9 montre deux exemples de détection optique par fluorescence.

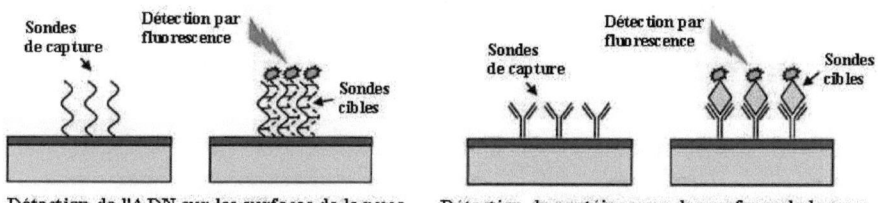

Figure 9. Exemples de détection optique par fluorescence, d'après [78].

La chimiluminescence est la génération de la lumière par la libération d'énergie qui résulte d'une réaction chimique. Le grand challenge pour la détection optique est leur intégration dans une biopuce qui requiert la capacité de miniaturiser les détecteurs optiques et les rendre portable comme c'est le cas avec les photo-diodes sur substrat silicium [79], ou l'intégration des photo-détecteurs sur plastique [80], etc.

Détection mécanique

Ce type de détection est de plus en plus utilisé dans le domaine de biocapteurs, grâce à l'évolution et au développement des microstructures ayant des tailles de plus en plus réduites, augmentant ainsi le rapport surface/volume et par conséquent leur sensibilité de détection. Les méthodes utilisées sont la thermométrie, la microbalance à quartz, les ondes de surface, et les microleviers. Deux modes de détection existent pour la méthode utilisant des poutres : la détection de contrainte (stress mécanique), et la détection par changement de masse en surface [81,82]. Pour le premier mode, les réactions biochimiques s'effectuent sur un seul coté du microlevier (face supérieure); un changement dans l'énergie de la surface libre provoque une variation du stress en surface qui engendre une flexion de la micro-poutre. Cette flexion peut être mesurée soit par des moyens optiques (par faisceau laser par exemple) ou électriques (piézorésistif...). Quant au deuxième mode, une fois l'entité biologique capturée, le changement de masse est détecté en mesurant électriquement ou par voie optique, le décalage en fréquence de résonance du microlevier par rapport à sa propre fréquence de résonance sans l'espèce biologique [82]. Ces deux modes de détection sont illustrés dans la figure 10.

Chapitre I. *État de l'art*

Détection des changements du stress en surface   Détection des changements de masse

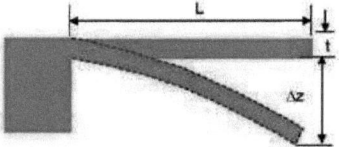
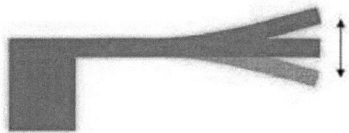

$$\Delta z = 4\left(\frac{l}{t}\right)^2 \frac{(1-v)}{E}(\Delta\sigma_1 - \Delta\sigma_2)$$

- Δz = détection de l'extrémité du cantilever
- L = la longueur du cantilever
- t = l'épaisseur du cantilever
- E = module de Young
- v = taux de poison
- Δσ₁ = changement dans le stress de surface sur la surface supérieure
- Δσ₂ = changement dans le stress de surface sur la surface inférieure

$$f = \frac{1}{2\pi}\sqrt{\frac{k}{m}}$$

$$\Delta m = \frac{k}{4\pi^2}\left(\frac{1}{f_1^2} - \frac{1}{f_o^2}\right)$$

- k = constante de raideur
- m = la masse de cantilever
- f_o = la fréquence de résonance sans charge
- f_1 = la fréquence de résonance sous charge

Figure 10. Principe de détection mécanique, d'après [78].

Détection électrochimique

Une autre méthode très utilisée pour les biocapteurs est celle de l'électrochimie. Ce type de capteur est dit capteur ionique ou de charge et il est utilisé dans des milieux aqueux. Les capteurs électrochimiques sont classés dans trois catégories selon leur mode de transduction, à savoir, ampérométrique, impédancemétrique ou potentiométrique. Leur principe est brièvement décrit dans la figure ci-dessous [3, 4].

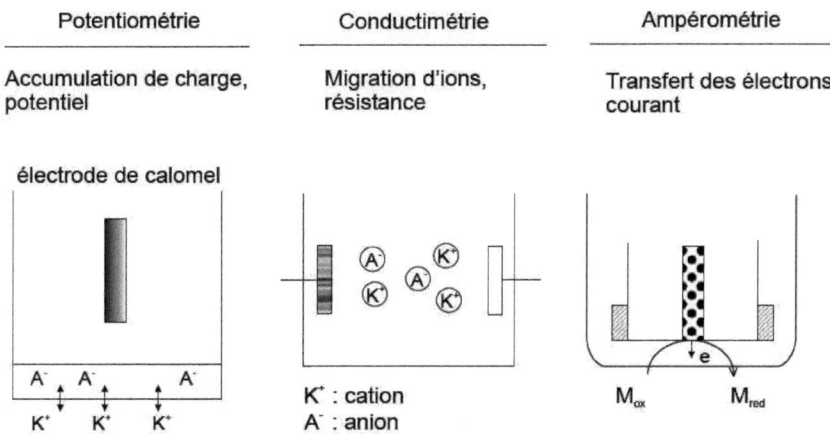

Figure 11. Détection électrochimique.

II. Intégration des capteurs avec un système microfluidique

II.1 Intérêt de l'intégration avec un système microfluidique

Un intérêt concerne la possibilité d'effectuer des analyses, soit chimiques comme la mesure du pH, ou biologiques, sur place, sans avoir recours à l'envoi des échantillons vers des centres d'analyse. D'autre part, la réduction des volumes de ces échantillons à manipuler peut favoriser la vitesse des réactions chimiques et des transferts thermiques (comme l'hybridation d'ADN). Cela a poussé à faire évoluer notre capteur vers la portabilité en l'intégrant avec un système microfluidique. Cet aspect microfluidique est particulièrement important dans le domaine des microsystèmes d'analyses totales µTAS *(Micro Total Analysis Systems)* pour maitriser le mouvement, la distribution, et éventuellement le stockage des réactifs et les échantillons. Enfin, le développement d'un tel microsystème au sens large, permettra de réduire le volume des échantillons, la consommation de réactifs, le temps, et la fabrication en masse de tels dispositifs à faibles coûts.

II.2 Introduction à la mécanique des fluides dans les microsystèmes

La microfluidique est la science qui traite le comportement, le contrôle et la manipulation des écoulements des fluides dans des petits volumes à l'échelle millimétrique. Elle comprend l'étude de microcanaux, de micro-pompes, de microréservoirs, de micro-valves, de mélangeurs, de micro-réacteurs chimiques, de générateurs de gouttelettes, etc. La microfluidique est née dans les années 1990, grâce à la redécouverte des microcanaux [83,84] qui a permis à des physiciens d'étudier des phénomènes fondamentaux. Ensuite les chimistes et des biologistes commencèrent à utiliser la microfluidique à partir du milieu des années 90 [85]. C'est un domaine pluridisciplinaire : physique, chimie, microtechnologie et biotechnologie, avec particulièrement des applications dans le design de systèmes à petite échelle, dans les domaines de la médecine, la pharmacie et la biologie comme la mise au point de médicaments, les diagnostics in vivo, les puces à ADN et les laboratoires sur puce, etc.

Nous allons maintenant présenter les notions et les concepts de base de la microfluidique.

II.2.1 Notion de fluide

Un fluide est une substance déformable sans forme propre, qui change donc de forme sous l'action d'une force externe qui lui est appliquée. Sa forme est conservée seulement si un corps solide la limite. Les liquides sont généralement considérés comme non compressibles; ils conservent le même volume quelle que soit leur forme: ils présentent une surface propre. Tandis que les gaz tendent à occuper tout l'espace disponible, ils n'ont pas de surface propre, et par conséquent, ils sont compressibles.

II.2.2 Le mouillage

Le mouillage comprend les phénomènes de surface permettant d'expliquer l'étalement de l'eau sur une surface en verre, à l'inverse du mercure qui reste sous forme d'une goutte. Il est qualifié par deux phénomènes : la tension de surface et la capillarité.

II.2.2.1 Tension de surface

À l'interface entre deux milieux denses, ou entre un milieu dense et un gaz, existe une force appelée force de cohésion. En d'autres termes, il existe à cette interface, une contrainte en tension induite par cette force et qui est exprimée en N/m. Cette tension est appelée souvent tension superficielle ou tension de surface. Elle permet par exemple aux insectes de se tenir ou marcher sur l'eau comme l'araignée.

Chapitre I. *État de l'art*

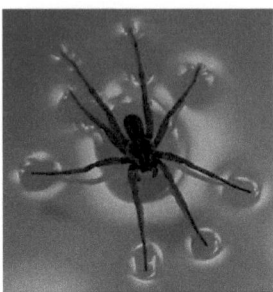

Figure 12. La tension de surface permet la tenue de l'araignée sur la surface de l'eau.

En microfluidique, la tension de surface est exploitée dans l'écoulement des fluides à travers les micro-canaux où les forces capillaires deviennent prépondérantes.

Donc, la tension superficielle est un effet qui prend place à l'interface entre deux milieux, et elle est définie comme une force F_σ en Newton [N], exercée sur une longueur l en mètre [m], et donnée par :

$$\sigma = \frac{F_\sigma}{l} \ [N/m] \tag{16}$$

II.2.2.2 Capillarité

La capillarité est l'étude des interfaces entre un liquide et l'air ou entre un liquide et une surface. Elle est définie comme l'effet d'un liquide à forte tension superficielle remontant contre la gravité dans un tube très fin, dit tube capillaire. La tension de surface est proportionnelle à la force de cohésion entre les molécules de ce liquide. Plus les molécules du liquide ont une cohésion forte, plus le liquide est susceptible d'être transporté par capillarité.

En microfluidique, ces forces capillaires peuvent être utilisées pour mettre un fluide en mouvement ou limiter son déplacement.

II.2.3 La densité

C'est la mesure de la masse présente dans une certaine quantité de fluide. La densité est un nombre sans dimension, égal au rapport d'une masse d'une substance homogène à la masse du même volume d'eau pure à la température de 3.98°C. Par définition, la densité de l'eau pure à 3.98°C est égale à 1.

II.2.4 La viscosité

La viscosité désigne la capacité d'un fluide à s'écouler ; lorsqu'elle augmente, la capacité du fluide à s'écouler diminue. La viscosité tend généralement à diminuer lorsque la température augmente. Elle mesure l'attachement des molécules les unes aux autres, et donc la résistance à un corps qui traverserait le liquide. Elle détermine la vitesse de mouvement du fluide.

La vitesse de chaque couche est une fonction de la distance z de cette couche au plan fixe. On dit qu'il existe un profil de vitesse v = v(z). La viscosité de l'eau à 20°C est de 10^{-3} Pa·s.

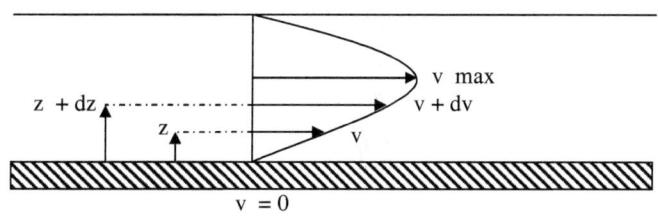

Figure 13. Profil de la vitesse par la définition de la viscosité.

II.2.4.1 La viscosité dynamique

La viscosité dynamique (μ) peut être définie en considérant un fluide constitué de plusieurs couches. Sous l'effet de la viscosité, il existe une force tangentielle permettant un transfert de la matière. Le mouvement d'un fluide peut être considéré comme résultant du glissement des couches de fluide les unes sur les autres. La force de frottement F [N], qui s'exerce à la surface d'une couche séparée de dz [m], s'oppose au glissement d'une couche sur l'autre. Cette force est proportionnelle à la différence de vitesse des couches soit dv [m.s], à leur surface S [m²] et inversement proportionnelle à dz :

$$F = \mu S \frac{dv}{dz} \qquad (17)$$

II.2.4.2 La viscosité cinématique

La viscosité cinématique v s'exprime en m²/s et s'obtient en divisant la viscosité dynamique µ par la masse volumique ρ [kg/m³] soit

$$v = \frac{\mu}{\rho} \qquad (18)$$

II.2.5 Nombre de Reynolds

Le nombre de Reynolds (Re) d'un écoulement d'un fluide décrit la nature de son régime d'écoulement (laminaire, transitoire, turbulent). Il représente le rapport entre les forces d'inertie et les forces visqueuses, et il est défini comme suit :

$$\mathrm{Re}_L = \frac{\rho U L}{\mu} = \frac{U L}{v} \qquad (19)$$

Avec

U : vitesse du fluide [m/s]

L : dimension caractéristique [m]

v : viscosité cinématique du fluide : $v = \frac{\mu}{\rho}$ [m²/s]

ρ : masse volumique du fluide [kg/m³]

µ : viscosité dynamique du fluide [Pa.s] ou Poiseuille [Pl]

Ce nombre sans dimension contrôle les écoulements incompressibles et stationnaires et il permet de déterminer la nature du régime d'écoulement.

Dans les systèmes microfluidiques, les vitesses typiques des fluides n'excèdent pas le centimètre par seconde et les largeurs des microcanaux sont de l'ordre de quelques dizaines de microns. À ces échelles, le nombre de Reynolds est généralement largement inférieur à 1 et le régime d'écoulement est dit laminaire.

II.2.6 Équations de Navier-Stokes

Les équations qui gouvernent les fluides sont les équations de Navier-Stokes. En physique, ces équations nommées d'après Claude-Louis Navier et George Stokes Gabriel, décrivent le mouvement des fluides et des gaz, autrement dit, l'équilibre des forces qui agissent en une région donnée du fluide [86].

L'hypothèse de continuité considère les fluides comme étant continus, en admettant que des propriétés telles que la densité, la pression, la température et la vitesse ne changent pas d'un point à un autre.

La première équation est celle de continuité, elle exprime le bilan de masse : l'augmentation de masse pendant un certain temps du fluide contenu dans un volume fixe est égale à la masse du fluide qui y entre, diminuée de la masse qui en sort. Autrement dit, la masse du fluide entrant est égale à chaque instant à la masse du fluide sortant. Cette équation est appelée également l'équation de conservation de la masse :

$$\frac{d\rho}{dt} + div(\rho \vec{v}) = 0 \qquad (20)$$

Les deux autres équations sont :

- L'équation du bilan de la quantité de mouvement :

$$\rho \frac{d\vec{v}}{dt} + div(\rho \vec{v} \otimes \vec{v}) = -\overrightarrow{grad}\, p + div\, \vec{\tau} + \rho \vec{F} \qquad (21)$$

- L'équation du bilan de l'énergie :

$$\frac{\delta(\rho e)}{\delta t} + div[(\rho e + p)\vec{v}] = div(\vec{\tau} \cdot \vec{v}) + \rho \vec{F} \cdot \vec{v} - div(\vec{q}) + r \qquad (22)$$

Où :

t : représente le temps

$\rho = \rho\,(\vec{x}, t)$: désigne la masse volumique du fluide

$P = P\,(\vec{x}, t)$: désigne la pression

$\vec{v} = \vec{v}\,(\vec{x}, t)$: désigne la vitesse d'une particule fluide

$\vec{\tau} = \vec{\tau}\,(\vec{x}, t) = (\tau_{ij})$: tenseur des contraintes visqueuses

$\vec{F} = \vec{F}\,(\vec{x}, t)$: force extérieure par unité de volume e : est l'énergie totale par unité de masse

$\vec{q}$: est le flux de chaleur perdu par conduction thermique

r : représente la perte de chaleur volumique due au rayonnement

La solution de ces équations représente le champ de vitesse ou champ d'écoulement, qui est une description de la vitesse du fluide en un point donné défini dans l'espace et dans le temps. La connaissance du champ de vitesse permettra de trouver d'autres quantités intéressantes comme le débit par exemple.

Ces équations sont valides dans le domaine de continuité dont la déviation est identifiée par un paramètre dit nombre de Knudsen :

$$K_n = \frac{\lambda}{L} \qquad (23)$$

Où λ est le libre parcours moyen et L une dimension caractéristique de la canalisation.

Donc les équations de Navier-Stokes sont applicables pour $0 < K_n < 0.1$.

II.2.7 Hydrodynamique à l'échelle micrométrique

L'étude des écoulements des fluides est caractérisée par deux types de comportements, le premier est un comportement simple du fluide dit écoulement laminaire, par contre le deuxième est un comportement chaotique dit écoulement turbulent.

Comme dit précédemment, l'écoulement d'un fluide est caractérisé par son nombre de Reynolds (Re), quand ce nombre est petit, l'écoulement est laminaire, quand il est grand, l'écoulement est en général instable et turbulent.

II.2.7.1 Écoulement laminaire

Un écoulement laminaire présente une vitesse régulière des particules en fonction du temps dans un fluide. Donc, l'écoulement laminaire est régulier, et a bien souvent un comportement stationnaire.

Un écoulement laminaire est dominé par les forces visqueuses, et le transport d'espèces se fait par diffusion. Par conséquent, le mélange entre deux flux n'est possible qu'à travers le phénomène de diffusion.

II.2.7.2 Écoulement turbulent

Un écoulement turbulent se caractérise par une apparence très désordonnée, un comportement difficilement prévisible. Le profil de vitesse d'écoulement est variable en fonction du temps. Dans un tel écoulement les forces d'inertie triomphent devant les forces de viscosité que le fluide oppose pour se déplacer. La figure ci-dessous représente les deux régimes d'écoulement évoqués ci-dessus.

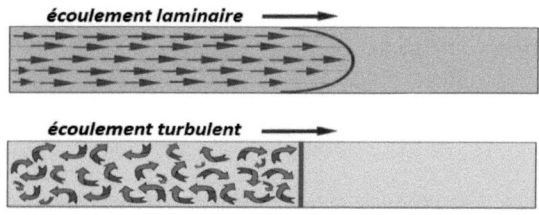

Figure 14. Régimes d'écoulement d'un fluide, d'après [87].

II.3 Définition des biopuces

Les biopuces sont des microsystèmes dédiés à l'analyse biologique, et ont pour objectif d'automatiser, miniaturiser et paralléliser les différentes étapes utilisées lors d'analyses en biologie, jusqu'à présent longues et couteuses parfois. L'idée est de rétrécir le laboratoire d'analyse médicale à une puce de quelques centimètres carrés et de n'utiliser qu'une goutte de sang pour effectuer ces analyses. Ces biopuces sont nées de la fusion de compétences en biologie et également en microélectronique, microsystèmes et microfluidique.

Les biopuces peuvent se répartir en 3 catégories :
- ***Les puces à ADN,*** (DNA microarrays) qui sont des surfaces sur lesquelles sont fixées des sondes (molécules d'ADN), chacune étant spécifique d'une

séquence cible d'ADN à identifier dans une solution biologique (hybridation d'ADN...).

- *Les laboratoires sur puce* (Lab-On-Chip), aussi appelés µTAS (Micro total analysis systems), intègrent les différentes étapes d'analyse pour un échantillon. Ce sont des laboratoires miniaturisés comprenant le transport des fluides à fin de réaliser des analyses automatisées, sur de petits volumes et à faibles coûts.
- *Les puces à cellules* (Cell-On-Chip) : ces microsystèmes hébergent des cellules vivantes entières et sont destinés à analyser et manipuler des cellules vivantes de manière individuelle.

II.4 Les laboratoires sur puce (Lab-On-Chip)

Le concept de laboratoire sur puce (Lab-on-chip) a émergé au début des années 1990 [88, 89]. Il s'agit de miniaturiser et d'intégrer des systèmes d'analyse chimique ou biologique permettant des analyses rapides sur une même puce, tout en utilisant de faibles quantités d'échantillons et de réactifs. Un tel dispositif intègre à la fois des technologies chimiques, biologiques, microélectroniques, et des éléments microfluidiques assurant la préparation et le transfert de la solution à analyser. Au cours des dernières décennies, les technologies de la microélectronique ont commencé à être appliquées aux processus chimiques et biologiques.

La microfluidique aujourd'hui joue un rôle de plus en plus important en ce qui concerne le potentiel d'intégration des applications de diagnostic *in vitro*, permettant des analyses plus rapides et moins coûteuses, tout en conservant une bonne sensibilité ainsi qu'une bonne spécificité de détection. Ainsi sur quelques centimètres carrés, ces microsystèmes intègrent la manipulation et le mélange de fluide (micromélangeur), la préparation d'échantillon (lyse cellulaire, préconcentration), la séparation de molécules et la détection.

De nombreux exemples de tels dispositifs intégrés et de laboratoires sur puce ont été rapportés dans la littérature pour le traitement et la détection de cellules [90], de protéines [91], d'ADN [92, 93].

Même si le développement de laboratoires sur puces en est encore à son début, on trouve déjà sur le marché des réalisations pratiques, essentiellement pour l'analyse d'ADN comme la Puce à ADN *Micam^{TM}* fabriquée par la firme *Apibio* [94] et le *Bioanalyseur 2100*, qui a été proposé par *Agilent Technologies* et la société *Caliper* [95]. Néanmoins, des obstacles techniques subsistent, notamment le contrôle du mouvement des fluides qui est l'une des principales difficultés rencontrées dans le développement des laboratoires sur puces.

II.5 Association capteurs et microfluidique

II.5.1 Systèmes microfluidiques intégrant des systèmes de détection optique

Ces dernières décennies, l'utilisation des microsystèmes à base des microcanaux et micro réservoirs dans des domaines biologiques et chimiques ont fait l'objet de beaucoup de travaux de recherche. Ces systèmes intègrent des composants purement microfluidiques comme les valves et les pompes qui servent à transporter et à séparer les espèces à analyser. L'effort se concentre vers la maitrise et le contrôle de l'écoulement, l'acheminement, et le mélange des liquides pour les réactions chimiques [95-101]. Cependant la détection se fait majoritairement par moyens optiques (détection par fluorescence) en utilisant des microscopes à lentilles thermiques [100-101] par exemple, ou un système optique qui contient une photodiode et une LED placées perpendiculairement au canal microfluidique. Pour des diagnostics cliniques sur le fluide physiologique humain, il est possible d'employer des électrodes ITO (Indium Tin Oxide) ayant la propriété d'être transparent pour transporter le liquide [102]. La figure ci-dessous représente ce système microfluidique en vue de coupe (a), et en vue de face (b) comme suit.

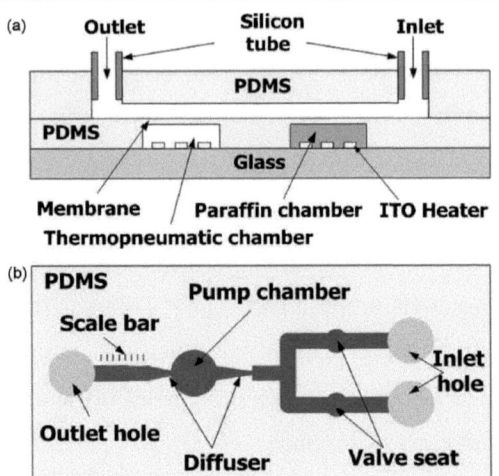

Figure 15. Configuration du système microfluidique intégrant la microvalve et la micropompe, d'après [102].

Néanmoins, ces composants microfluidiques emploient souvent des composants électriques dans leur fonctionnement, comme les électrodes pour le transport des fluides (l'électrophorèse, EWOD) [103-106], des résistances chauffantes ou des thermocouples nécessaires au contrôle de la température ou des membranes pour le fonctionnement des valves [91, 107]. De tels systèmes sont utilisés dans le domaine médical comme les puces à ADN [93, 108], au Glucose [109], ou aussi puce PCR (amplification des acides nucléiques par *Polymerase Chain Reaction*) [110].

La détection par voie optique dans ces systèmes en petit volume, était basée sur des méthodes optiques comme l'absorption ou la fluorescence entre autres pour la détection des protéines [111] et la détection d'ADN utilisant une puce à *PCR* [112].

Des photodiodes ont été utilisées avec succès pour la détection par fluorescence [113]. Une série de micro photodiodes à avalanche (µAPD) intégrées sur un substrat en silicium a été développée pour un système d'Electrophorèse Capillaire (CE) permettant de séparer les molécules d'ADN [114]. D'autres systèmes à CE utilisant aussi la détection par fluorescence grâce aux fibres optiques ou par guides d'ondes intégrés, ont été développés. À titre d'exemple, un capteur de pH à base de fibre optique a été réalisé par Brigo *et al* [115]. La figure 16 illustre un des systèmes évoqués.

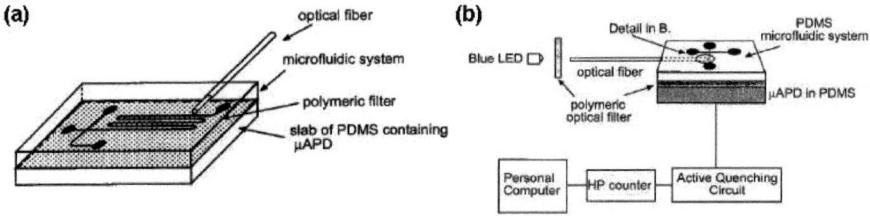

Figure 16. Schéma du système microfluidique intégrant les photodiodes µAPD [114]
(a) Les micros photodiodes encapsulées dans le PDMS
(b) La configuration du système de mesure

Un système optique intégré constitué d'une matrice de microlentilles circulaires ou elliptiques a également été fabriqué par la technique de fusion de résine (*photoresist melting technique*) [116].

Parmi les challenges dans l'intégration de micro capteurs optiques avec les biopuces, des photo-diodes ont été fabriquées sur des substrats en silicium, des LEDs et des photodétecteurs semi-conducteurs ont été montés sur des plates-formes en plastique ou polymère par intégration hétérogène [95].

Une révolution dans le domaine de détection optique, est l'utilisation des nanocristaux fluorescents ou *Quantum Dots* (QD), pour le marquage des molécules biologiques dans le domaine clinique. Un exemple parmi d'autres, appliqué en diagnostic biologique, et basé sur les propriétés de ces QD, a été décrit sous le nom de « nanocode barre spectral » [117]. Les QDs sont des nanocristaux semi-conducteurs ayant la propriété d'absorber la lumière dans une large gamme de couleurs. En revanche, ils n'émettent la lumière qu'à une longueur d'onde spécifique (souvent visible) qui dépend de leur taille.

L'inconvénient majeur des systèmes à base de détection optique est qu'ils nécessitent un accès optique au microcanal, autrement dit, l'utilisation des matériaux qui doivent être optiquement transparents ainsi que les liquides qui s'écoulent dans ces microcanaux afin de laisser pénétrer le faisceau lumineux de détection.

II.5.2 Systèmes microfluidiques intégrant un capteur mécanique ou électronique

La détection électrochimique a été employée autant que les systèmes optiques ou parfois même en corrélation avec de tels systèmes. Les capteurs électrochimiques ont été considérés comme de bons candidats pour réaliser des systèmes d'analyses chimiques intégrés ; µTAS et Lab-On-Chip. L'Electrophorèse Capillaire (CE) peut être combinée avec une détection potentiométrique à partir d'ISEs ou des ISFETs, car ces structures sont plus adaptées avec les applications CE à cause de leur grande sensibilité de détection [118].

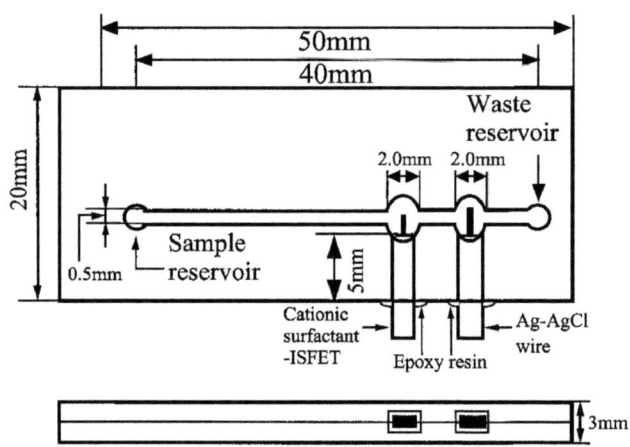

Figure 17. Schéma de la puce microfluidique intégrée avec un ISFET [118].

Une micropuce de technologie verre/silicium a été réalisée, contenant un système PCR et employant une détection électrochimique, des électrodes intégrées sur du verre et collées sur des chambres de réaction formées dans un substrat en silicium [119]. Plusieurs travaux de recherche se sont développés dans cette perspective, en employant des électrodes pour la détection chimique, surtout dans le domaine clinique. Un travail a été publié par Choi *et al* qui emploie en outre une matrice de micro électrodes, un électro-aimant et des microvalves, le tout est intégré sur un substrat de verre. Les billes électromagnétiques servent à capturer les antigènes (biofiltre) [120]. Lee *et al* ont présenté un microsystème intégré pour étudier l'écoulement des gaz dans des systèmes microfluidiques complexes [121]. Ce microsystème est constitué d'un réseau de microcanaux avec des capteurs de pression intégrés.

Certains systèmes microfluidiques utilisent des microvalves basées sur les principes piézoélectriques, à titre d'exemple, Koch *et al* [122] ont conçu une valve utilisée en conjonction avec une micropompe à membrane actionnée fabriquée sur un fin substrat avec un plateau piézoélectrique sur lequel l'action de pompage est appliquée, les deux valves à microlevier sont micro-usinées et placées à l'entrée et à la sortie de la pompe.

Compte tenu de la complexité des propriétés physiques des cellules biologiques, leur manipulation par moyen mécanique au sein des puces microfluidiques pose certains problèmes. La séparation des cellules cibles dans des structures microfluidiques (microcanaux) pour la culture et le dosage est la principale application de la manipulation mécanique sur puce. Elle peut être réalisée par la fabrication de structures spécifiques telles que les microfiltres [123], les micropuits [124], la micropince [125], la structure du barrage [126] ou la structure de sacs de sable [127]. Elle peut également s'effectuer par la modification de la surface inférieure du microcanal, avec des revêtements réactifs [128], avec des anticorps [129], avec de la sélectine (molécule composée d'un sucre et d'une protéine) [130], ou avec des Enzymes [131].

Lange *et al* ont publié un travail présentant l'intégration d'un biocapteur d'ondes acoustiques de surface (SAW) avec un système microfluidique pour la détection des biomolécules en temps réel [132]. Le dispositif de détection est constitué essentiellement d'un substrat piézoélectrique ($LiTaO_3$) avec des transducteurs interdigités composés d'électrodes en or. Pour une détection biologique spécifique, le capteur est recouvert d'une couche sensible appropriée. Le dispositif est ensuite encapsulé dans une puce en polymère contenant le canal où circule le fluide. Cette puce est ensuite reliée à un système d'écoulement et aux connecteurs électriques via une interface. Le système est représenté figure 18.

Cole *et al* [133] ont proposé une architecture de détection multiplexée pour le contrôle du mouvement des gouttes de liquide dans des réseaux microfluidiques. Ils ont utilisé une matrice (4x4) contenant des microcomposants électriques, résistances et capacités pour contrôler le passage d'un liquide discret à travers d'un réseau microfluidique.

Ghafar-Zadeh *et al* ont présenté un laboratoire sur puce pour le diagnostic du sang [134]. Le système comporte un capteur capacitif utilisant une capacité CMOS et un circuit d'interface électrique intégrés avec un réseau microfluidique en polymère. Le réseau des canaux et microréservoirs microfluidiques est réalisé grâce à une technologie de fabrication dite « Direct Write Assembly» qui est une technique de déposition robotisée, utilisée pour produire couche par couche des structures en petite échelle. Le tout est encapsulé dans une puce en époxy et connecté par « wire-bonding » avec l'extérieur.

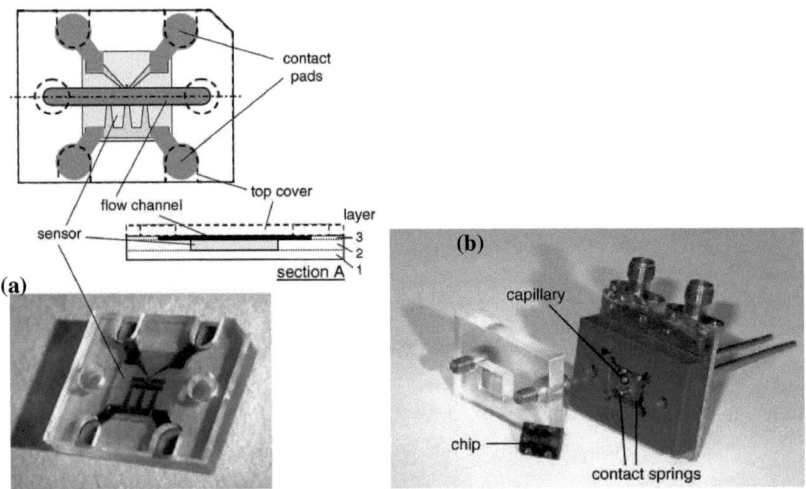

Figure 18. Intégration d'un biocapteur (SAW) avec un système microfluidique pour la détection des biomolécules [132]

(a) Schéma et photographie de la puce du biocapteur SAW

(b) Photographie de l'interface qui relie le biocapteur au système d'écoulement

Na *et al* ont fabriqué un biocapteur à base de microlevier avec une résistance piézoélectrique en utilisant la technique de micro-usinage de surface assemblé avec une cellule en PDMS et verre pour l'écoulement du liquide [135]. Ce dispositif a été utilisé pour détecter la présence des molécules de cystamine dihydrochloride.

Raimbault *et al* [136-138] ont conçu un capteur piézoélectrique à onde acoustique de Love intégré avec des canaux microfluidiques en PDMS.

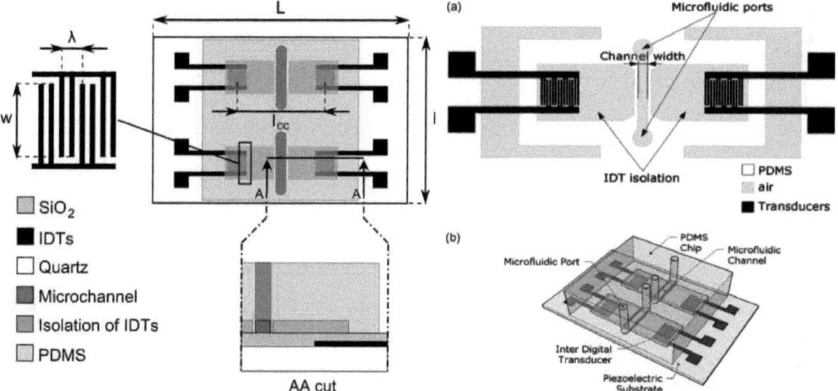

Figure 19. Capteur acoustique combiné avec un système microfluidique [136, 137].

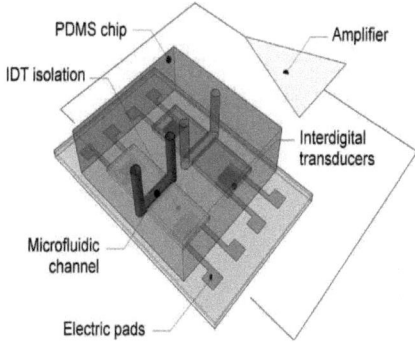

Figure 20. Système microfluidique couplé avec le capteur et placés dans une boucle d'oscillation [138]

Le capteur est constitué d'un substrat piézoélectrique en quartz, et des transducteurs interdigitaux composés chacun de 44 paires d'électrodes en or. Le système microfluidique comporte des canaux microfluidiques en PDMS.

II.5.3 Systèmes microfluidiques intégrant des transistors

Quant à l'utilisation des transistors avec un système microfluidique, elle est toujours très limitée, à cause de la complexité de leur intégration sur la même puce que le système microfluidique. Comme les ISFETs ont souvent servi dans le domaine biologique et chimique, surtout en tant que capteur de pH, différents essais d'intégration de ces transistors avec des chambres ou des canaux microfluidiques ont été tentés comme décrit ci-après.

En 1991, Cobben *et al* [139] ont présenté une puce à ISFET pour l'analyse de l'injection de liquide. Le système comporte des cellules d'écoulement équipées de chemFETs sans avoir recours ni à l'encapsulation polymérique ni au collage filaire « Wire bonding ». Lehmann *et al* en 2000 [140] ont présenté un système pour la culture des cellules à base d'ISFETs et pour la mesure de leur pH. Le système comporte une puce à quatre ISFETs placée dans un tube servant à l'écoulement du liquide, l'ensemble forme une chambre de volume 10 µl. Une électrode de référence est placée à la sortie du système de perfusion. Gao *et al* [141] ont réalisé un capteur de pH à base d'un transistor FET avec la couche active en polymère intégré avec un canal microfluidique, le collage entre la partie capteur et celle du canal en PDMS est assurée par la technique « UV-epoxy bonding » en chauffant l'adhésif (résine époxy) sous pression. Kim *et al* [142] ont conçu un biocapteur à base d'un FET à grille prolongée intégré avec un canal microfluidique enterré en silicium, le tout sur le même substrat, le cuivre a été utilisé comme métal de la grille étendue jusqu'au canal microfluidique.

L'équipe de P. Temple-Boyer au LAAS a mis au point un dispositif d'analyse basé sur un capteur de pH de type ISFET ou ChemFET intégré avec un réservoir et des canaux microfluidiques en PDMS, pour le contrôle de l'activité bactérienne [143,144]. Le capteur est tout d'abord encapsulé dans une puce en PDMS avant d'être collé avec les microstructures fluidiques (microcanaux et réservoir) grâce à la technique dite « Hydrogen Bonding ».

Figure 21. Intégration de la puce à ISFET avec le réservoir microfluidique [145]

Masadome *et al* [118, 145] ont fabriqué une micropuce en polymère pour des analyses de surfactants anioniques. La micropuce est composée d'un réservoir d'échantillons, un canal d'injection d'échantillons (40 mm), un Anionic Surfacant-ISFET, un fil Ag-AgCl comme étant une électrode de référence et un réservoir du déchet. La solution qui contient les échantillons est injectée dans le canal par un pousse-seringue à un débit de 50 ml/min. Truman *et al* ont présenté un laboratoire sur puce pour contrôler le transport et la composition chimique des liquides [146]. Un transistor ISFET (figure 22) est placé sur une plaque en cuivre, sur les côtés du capteur, un ruban en silicium est posé. Le tout est couvert par un plateau transparent constituant ainsi l'interface supérieure avec le liquide. Le canal liquide a donc comme base la surface du transistor, l'interface supérieure est le plateau avec In et Outlets et le ruban comme parois latérales. Le ruban de silicium est serré par des vis contre la plaque en cuivre et assure l'étanchéité du système.

Polk a fabriqué un pH-ISFET avec une électrode de référence en or intégré avec des canaux microfluidiques [147] pour des mesures de pH. Le système est placé sur une carte du circuit en aluminium pour protéger le FET et servir comme un support pour les branchements électroniques et les manipulations du liquide. Un radiateur et un thermocouple ont y été aussi inclus.

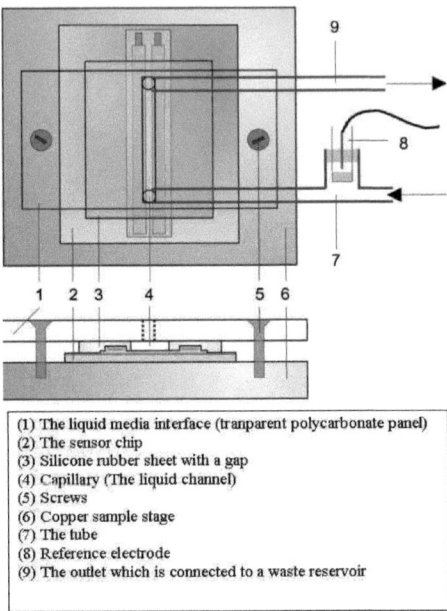

Figure 22. Schéma représentant l'intégration d'un ISFET dans un système microfluidique [146].

Zhang *et al* ont mis en place un système de détection d'hybridation d'ADN à base d'un TFT organique OTFT [148]. Le système consiste à faire des canaux microfluidiques sur les OTFTs dans le même procédé. Le film au pentacène formant la couche sensible est protégé pendant les étapes de gravures servant à former les canaux par un film polymère PVA (Alcool PolyVinylique) qui sera enlevé à la fin du procédé.

Poghossian *et al* ont présenté un système de détection des paramètres physiques dans les liquides comme la vitesse d'écoulement, à base d'ISFETs [149]. Le module comporte deux pH-ISFETs, un générateur d'ions constitué d'électrodes, une électrode supplémentaire de Pt servant de second générateur d'ions ou d'électrode de référence pour les mesures différentielles. Le tout est collé sur un circuit imprimé, puis encapsulé, exceptées les régions sensibles, par un composant en résine époxy. Le système est ensuite placé horizontalement dans une cellule d'écoulement avec un canal rectangulaire de 2 mm de largeur et de 0.5 mm d'hauteur. La cellule est composée de deux parties en polymère qui s'assemblent et sont maintenues par des vis.

II.6 Conclusion et intérêt de l'intégration d'un FET à air gap avec un canal microfluidique

L'intégration des capteurs électroniques, notamment celle des transistors avec des systèmes microfluidiques, reste encore limitée à certains travaux publiés récemment.

Nous allons intégrer des transistors SGFET fabriqués à l'IETR avec un canal microfluidique en PDMS fabriqué au laboratoire SATIE. Le système sera ensuite caractérisé afin de l'utiliser comme capteur pour la mesure du pH des solutions injectées dans le canal microfluidique à l'aide d'un pousse-seringue.

CHAPITRE II :
Technologie du système global

Pour une utilisation optimale (réduction du volume, contrôle du fluide injecté, ...), l'objectif sera donc de rassembler dans un réseau de microchambres (microréservoirs), les biocapteurs qui ne sont autres que nos transistors à grille suspendue utilisés pour détecter électriquement la présence de charges ou l'accrochage de molécules biologiques. Ainsi, chaque chambre abritera un ou plusieurs capteurs, et les substances à analyser circuleront dans un système microfluidique de microcanaux fabriqués en PDMS. Ces micro-chambres seront en particulier utilisées pour faire la mesure de pH en continu, et permettront à terme d'étudier des phénomènes biologiques spécifiques induisant ces variations de pH (réacteurs enzymatiques, échanges cellulaires).

L'association des transistors à grille suspendue SGFET aux canaux microfluidiques formera le système au complet.

Dans ce chapitre, les étapes, les procédés de fabrication de ces transistors et du système microfluidique ainsi que leur intégration sont détaillés.

I. Étapes de fabrication des transistors à grille suspendue SGFETs

I.1 Introduction

Cette partie présente la technologie de fabrication des transistors à grille suspendue réalisés dans la centrale technologique du groupe microélectronique de l'IETR [69-70]. Le principe de base repose sur celui des MOS classiques à grille isolée, pour lequel la grille est suspendue.

Le procédé de fabrication général est le suivant. Sur un substrat en silicium, deux zones fortement dopées P (drain et source) sont créées par diffusion de Bore. La zone active du canal est recouverte d'oxyde de silicium, et d'une couche sensible. La grille en silicium polycristallin est suspendue et réalisée en se servant d'une couche de germanium comme couche sacrificielle [70]. Enfin, les contacts sont pris en ouvrant sur les zones drain, source et grille et en déposant une couche d'aluminium. Le schéma général est donné à la figure 23.

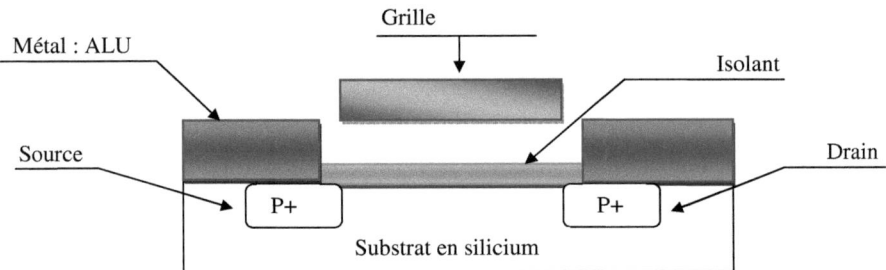

Figure 23. Structure générale des transistors à grille suspendue.

Nous présentons ici le procédé de fabrication des transistors à grille suspendue avec les deux technologies : la première sur silicium monocristallin correspond au procédé standard à haute température, et celle sur silicium polycristallin, dite procédé à basse température. Les dépôts des différentes couches et les étapes technologiques pour la réalisation des transistors sont décrites dans les paragraphes qui suivent pour les deux technologies.

I.2 Description du procédé standard (haute température) [70]

Ce procédé s'appuie en partie sur la technologie classique des transistors MOS. En effet, la couche active ou se forme le canal est en silicium monocristallin. Certaines étapes, comme le dopage, sont réalisées à haute température (1100°C), certaines autres (en fin de procédé) sont réalisées à des températures maximales de 600°C.

Les substrats utilisés sont des plaques de silicium orienté <100> de 2 pouces type N, ayant une résistivité comprise entre 1 et 10 Ω.cm, polies simple face puisque notre processus technologique ne comporte que des interventions face avant.

I.2.1 Nettoyage RCA

Le but de ce nettoyage est d'enlever toutes les impuretés présentes sur la surface des plaques et consiste à plonger les plaques dans des bains spécifiques portés à des températures bien définies et pour un temps déterminé comme suit :

- Un bain basique (H_2O + NH_4OH + H_2O_2) porté à 70°C pendant 10 minutes : les doses pour ces trois composantes sont respectivement (200 ml / 10 ml / 40 ml), suivi d'un rinçage dans l'eau desionisée pendant 10 minutes.
- Un bain acide (H_2O + HCl + H_2O_2) porté à 80°C pendant 10 minutes : les doses pour ces trois composantes sont respectivement (200 ml / 40 ml / 40 ml), suivi d'un rinçage dans l'eau desionisée pendant 10 minutes.
- Une désoxydation HF 2% (acide fluorhydrique) pour enlever la couche de SiO_2 créée pendant le nettoyage RCA et qui a permis de piéger les impuretés organiques et métalliques sur la surface des plaques : 400 ml H_2O + 16 ml HF pendant quelques secondes (test d'hydrophobie).

I.2.2 Oxydation de masquage

Cette oxydation consiste à faire croitre une couche de 650 nm d'oxyde de silicium (par oxydation humide thermique) dans un four à 1100°C. Elle sert de couche de masquage pendant le dopage des zones drain et source par les atomes de Bore.

I.2.3 Photolithogravure 1 : définition des zones dopées de source et drain (masque 1)

Cette étape permet d'ouvrir l'oxyde de masquage afin de définir les zones dopées drain et source (figure 24) ; elle comporte une photolithographie et une gravure humide réalisées suivant la procédure ci-dessous :

- Dépôt de la résine positive S1818.
- Exposition aux UV (masque 1), durée 7 s avec une lampe émettant à une longueur d'onde de 365 nm.
- Développement pendant une minute pour enlever la résine insolée.
- Gravure chimique de l'oxyde par une solution tamponnée (buffer) HF pendant 11 à 12 min.
- « Remover » pendant 5 minutes permettant d'enlever la résine non insolée.

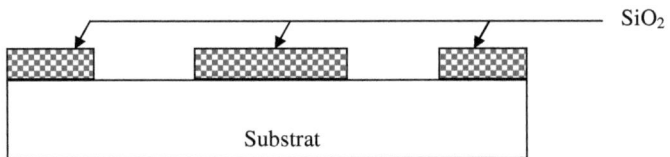

Figure 24. Ouverture des zones dopées de source et drain.

I.2.4 Dopage des zones source et drain

Ce dopage se fait à haute température à partir d'une source solide de Bore (plaquette de verre de Bore, placée en vis-à-vis des plaques de Silicium). Cette étape est effectuée sous atmosphère d'azote suivant le protocole ci-dessous :

Etape	Description du procédé	Durée
Pré dépôt	Rampe de température de 700 à 1050°C	30 min
	Palier de température 1050°C	30 min
		60 min
	Descente en température	

Gravure du verre de bore	de 1050 à 700°C	
	HF 10%	Jusqu'à hydrophobie
Diffusion des dopants	Rampe de température de 700 à 1050°C	30 min
	Palier de température 1050°C	30 min
	Descente en température de 1050 à 700°C	
	Etape effectuée sous N_2 (4L/min) et O_2 (0,5 L/min)	

Tableau 1. Récapitulatif et mode opératoire de l'étape de dopage des zones source et drain.

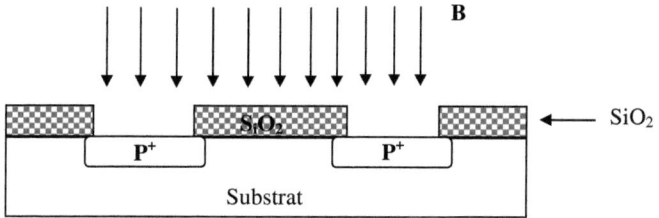

Figure 25. Définition des zones dopées de source et drain.

La qualité du dopage est vérifiée par mesure de conduction électrique dans des zones dédiées.

I.2.5 Photolithogravure 2 (isolation des transistors masque 2)

Le principal inconvénient de ce dopage est la diffusion du Bore dans l'oxyde de masquage, qui devient de qualité médiocre. Il est donc nécessaire de graver cet oxyde au niveau des zones actives des transistors. Un deuxième masque est utilisé et permettra ensuite le dépôt ou la croissance d'une nouvelle couche d'oxyde de grille de meilleure qualité isolante.

Pour réaliser cette gravure, la même procédure que celle de la photolithogravure 1 est appliquée.

I.2.6 Nettoyage RCA

Avant de procéder aux différentes étapes (oxydation et dépôts), un second nettoyage RCA est effectué. Après avoir mis le silicium à nu, il permet d'assurer la propreté de la surface de canal et d'éviter toute contamination organique ou métallique qui pourrait jouer le rôle de pièges pour les porteurs.

Ce nettoyage est très important pour améliorer la qualité de l'interface entre le silicium et l'oxyde de grille.

I.2.7 Oxydation de grille

Les plaques ont été mises rapidement, après l'étape de rinçage, dans le tube d'oxydation sèche à 1100°C afin d'obtenir une couche d'oxyde d'épaisseur de 70 nm, réalisée sous flux d'oxygène (2,5 l/min) pendant 20 minutes. La qualité de cet oxyde aura un effet sur les propriétés électriques du transistor.

Pour déterminer la qualité de l'oxyde déposé, une capacité MOS a été fabriquée en déposant une couche d'oxyde sur une plaque de silicium vierge, et en mesurant par la suite la capacité en fonction de la tension C(V). L'obtention d'une faible tension de bandes plates permet de valider la bonne qualité électrique de l'oxyde de grille.

I.2.8 Dépôt de nitrure de silicium

Une couche de nitrure de silicium (Si_3N_4) est déposée par la méthode LPCVD (Low Pressure Chemical Vapor Deposition) à une température de 600 °C et obtenue par décomposition thermique de sources gazeuses, l'ammoniac (NH_3) et le silane (SiH_4) avec un débit de 50 sccm pour chacune et sous pression de 400 mbarr.

L'épaisseur de la couche de nitrure de silicium est fixée à 50 nm pour la suite de notre étude. Cette couche donnera au transistor ses propriétés chimiques et de détection. De plus, elle servira de couche sensible et de barrière à la diffusion de molécules aqueuses (H_2O, H_3O^+, OH^-).

I.2.9 Dépôt de la couche sacrificielle (Germanium)

Le Germanium a été choisi pour sa sélectivité de gravure par rapport aux autres matériaux utilisés dans notre processus. En effet, il se grave aisément à l'eau oxygénée.

Cette étape consiste donc à déposer une couche de Germanium par LPCVD à partir de germane d'une épaisseur de 500 nm constituant la couche sacrificielle. Celle-ci sera gravée à la fin du procédé pour libérer la grille du transistor qui sera ainsi suspendue (figure 26).

L'épaisseur de la couche de Ge sera classiquement de 500 nm, mais pourra être modifiée de manière à déterminer l'influence de cette caractéristique technologique.

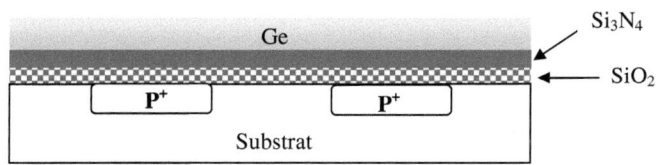

Figure 26. Vue en coupe de la structure d'un SGFET après oxydation sèche, dépôt de la couche de nitrure de silicium (Si_3N_4) puis de la couche sacrificielle (Ge).

I.2.10 Photolithogravure 3 : ouvertures des contacts et ancrage du pont (masque 3)

Le dépôt par LPCVD du germanium est suivi d'une gravure partielle permettant d'une part d'encastrer les pieds du pont servant de grille suspendue, et d'autre part de prendre les contacts avec les zones dopées de source et drain (figure 27). Pour cette étape de gravure, on utilise la méthode RIE (Reactive Ion Etching) en utilisant un plasma SF_6 dans les conditions citées dans le tableau suivant [70] :

Chapitre II. *Technologie du système global*

Matériau gravé	Gaz réactif	Pression de travail (mtorr)	Débit (sccm)	Vitesse de gravure (nm/min)	Puissance (W)
Ge	SF_6	30	40	360	30

Tableau 2. Paramètres de gravure utilisés pour la gravure de la couche sacrificielle

Le principe de la gravure est basé sur la création d'un plasma entre deux électrodes par une source radiofréquence. Ce plasma constitué d'ions vient bombarder la surface à graver. Absorbés sur le matériau à graver, ceux-ci réagissent chimiquement avec la surface et forment un composé volatile qui sera évacué par un groupe de pompage.

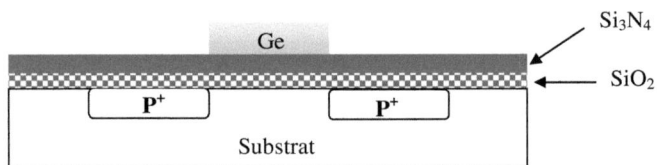

Figure 27. Vue en coupe de la structure d'un SGFET après définition de la géométrie de la couche sacrificielle.

I.2.11 Dépôt de nitrure de silicium et définition des prises de contact (masque 4)

Une couche de nitrure de silicium de 50 nm est déposée par LPCVD. Elle servira à protéger et isoler électriquement la surface inférieure de la grille. L'étape technologique suivante consiste à effectuer l'ouverture de fenêtres dans les deux couches isolantes (Si_3N_4, SiO_2), afin d'assurer le contact électrique entre les métallisations et les zones actives du transistor (figure 28). L'ouverture se fait par photolithogravure. La gravure du nitrure est réalisée par plasma (RIE). Il est alors nécessaire de graver les deux couches de nitrure de silicium avant d'atteindre l'oxyde. Cette étape permet d'ouvrir les deux zones de source et drain.

L'oxyde de grille est gravé par une solution HF, et la fin de la gravure est observée par un test d'hydrophobie sur des zones témoins.

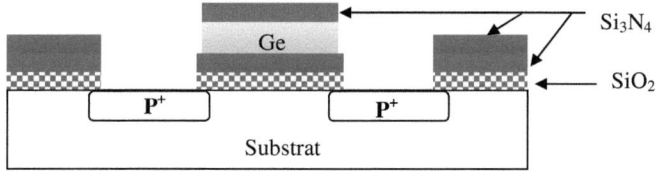

Figure 28. Vue en coupe de la structure d'un SGFET après l'étape de prise de contact drain et source.

I.2.12 Dépôt et définition de la couche structurelle (masque 5)

Cette étape consiste à déposer une couche de silicium polycristallin très dopé de type P d'une épaisseur de 500 nm. Le silicium très dopé au bore est déposé sous forme amorphe par LPCVD et ensuite cristallisé à 600 °C pendant 12h.

L'étape de photolithographie est réalisée avant de déposer la couche de nitrure de silicium. Elle est suivie d'une gravure plasma au SF_6 (RIE) du silicium polycristallin, permettant ainsi de définir les prises de contacts drain et source, ainsi que la géométrie du pont-grille. La figure 29 représente la structure après le masque 5.

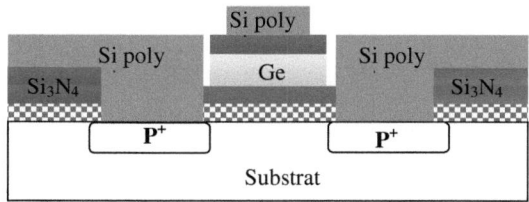

Figure 29. Vue en coupe de la structure d'un SGFET après définition de la couche structurelle ainsi que la prise de contact drain et source.

I.2.13 Dépôt de la couche de nitrure de silicium (masque 6)

Un dépôt LPCVD d'une fine couche de nitrure de silicium d'épaisseur 50 nm permet d'isoler électriquement et entièrement la couche de silicium polycristallin qui forme la grille suspendue. Elle est suivie d'une gravure plasma au SF_6 (RIE) de cette couche de nitrure.

La figure 30 représente la structure après le masque 6.

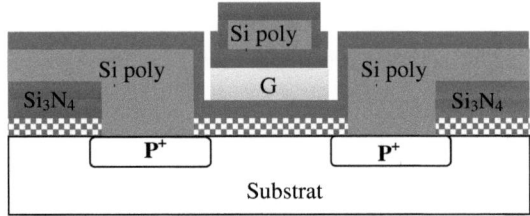

Figure 30. Vue en coupe de la structure de SGFET après dépôt de nitrure et le masque 6.

Ce masque est conçu pour assurer une isolation complète de la grille, il reprend les mêmes motifs que ceux utilisés pour le masque précédent (masque 5) mais avec des dimensions supérieures (2 µm sur chaque dimension de chaque motif) pour l'isolation des flancs de la grille en silicium polycristallin.

I.2.14 Ouverture des contacts de drain, de source et de grille (masque 7)

Avant de procéder au dépôt de l'aluminium, la dernière couche déposée de nitrure de silicium est gravée au plasma RIE afin d'ouvrir les contacts de la grille, de la source et du drain sur la couche de silicium polycristallin P^+.

La figure suivante (figure 31) représente la structure après cette étape de masquage et de gravure :

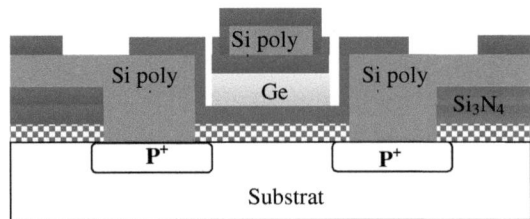

Figure 31. Vue en coupe de la structure d'un SGFET après ouverture dans le Si_3N_4.

Lors de cette étape, l'arrêt de gravure du nitrure sur le silicium polycristallin P+ est facilement maitrisable, vue la différence d'épaisseur entre ces deux couches (rapport de 10). Bien que la cinétique de gravure de ces dernières soit quasiment identique, une légère surgravure du polysilicium n'altèrera pas le bon fonctionnement du dispositif.

I.2.15 Dépôt d'aluminium et définition des pistes métalliques (masque 8)

Cette partie se déroule en deux principales étapes :

Un dépôt d'aluminium de 500 nm d'épaisseur est réalisé dans un bâti d'évaporation par effet joule sous vide (10^{-6} mbar).

Une étape de photolithographie (masque 8) suivie d'une gravure humide (acide orthophosphorique H_3PO_4) à 50°C de la couche d'aluminium permet ainsi de réaliser des prises de contacts éloignées de la partie sensible du transistor.

La figure 32 montre une vue en coupe de la structure après prise de contacts :

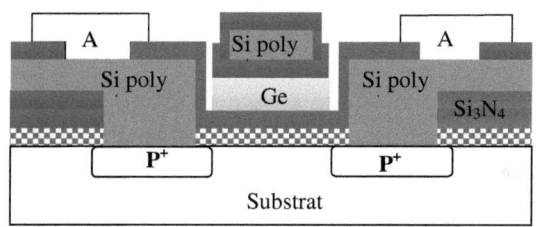

Figure 32. Vue en coupe de la structure d'un SGFET après photolithogravure de définition des contacts d'aluminium.

I.2.16 Encapsulation (masque 9)

Le dispositif étant utilisé en milieu aqueux, cela implique de mettre la partie sensible en contact avec le milieu à analyser et d'isoler électriquement les pistes d'aluminium. Pour cela le transistor doit être entièrement encapsulé avec une couche isolante. Cette étape constitue un point clé pour le bon fonctionnement du capteur et sa durée de vie.

Plusieurs types de matériaux ont été testés pour cette étape et seront présentés plus loin dans ce chapitre. Le schéma de la figure 33 montre la première version d'encapsulation :

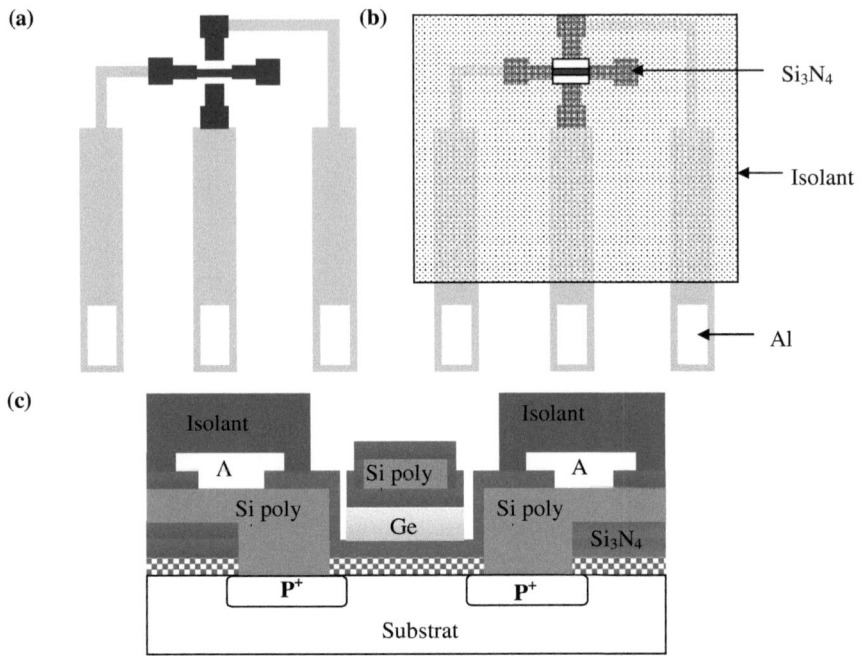

*Figure 33. Représentation de la structure SGFET après protection des contacts (masque 9)
Structure réalisée : avant (a) et après (b) l'encapsulation
c) vue en coupe de la structure après recouvrement et isolation des contacts d'aluminium.*

I.2.17 Libération de la grille du SGFET

Cette phase du procédé vise à graver totalement la couche sacrificielle afin de libérer les ponts des transistors. Pendant la gravure, l'échantillon est immergé dans la solution de gravure (H_2O_2) portée à une température de 80°C pendant environ 30 minutes. À la fin de la gravure de la couche sacrificielle, la solution de gravure est remplacée progressivement par celle de rinçage afin d'éviter de sortir l'échantillon. Le rinçage est ensuite effectué à l'alcool, de manière à limiter la striction et l'affaissement de la structure des ponts [69]. Le séchage des microstructures se fait dans une enceinte à 150°C pendant 15 min. La figure 34 montre la structure finale après la libération du pont.

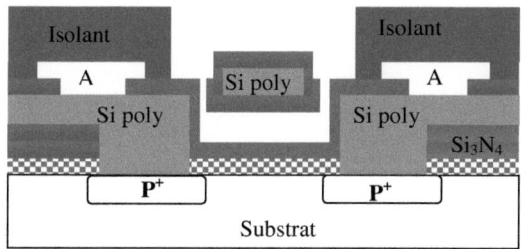

Figure 34. Vue en coupe de la structure d'un SGFET après libération de la couche structurelle (pont-grille suspendue).

Pour bien déterminer la fin de la gravure, nous utilisons plusieurs motifs, appelés « motifs de fin de gravure ». Ces motifs sont des plots en matériaux structurels (empilement des couches nitrure de silicium, silicium polycristallin, nitrure de silicium) attachés au substrat par l'intermédiaire de la couche sacrificielle. Au fur et à mesure de la gravure de la couche sacrificielle, les plots se détachent graduellement (en fonction de la géométrie des motifs) du substrat (figure 35). A la fin de la gravure, les motifs se détachent totalement du substrat et surnagent dans la solution de gravure (H_2O_2). L'absence de ces motifs de leurs positions sur le substrat nous sert à repérer la fin de gravure.

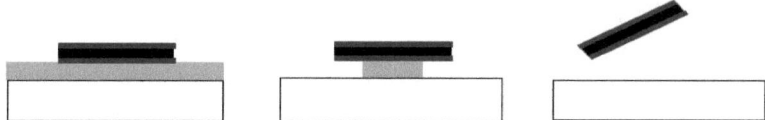

Figure 35. Principe des motifs de fin de gravure.

Il existe également des structures de type « spirale ». Elles sont constituées de matériau structurel (nitrure de silicium / silicium polycristallin / nitrure de silicium) et leur largeur correspond à celle du pont de plus grande largeur.

Leur observation au microscope après la gravure permet de garantir la gravure complète de la couche de germanium.

Figure 36. Photographie d'une spirale soulevée.

I.3 Description du procédé basse température

Les transistors couches minces (TFT) à grille suspendue (SGTFT) sont fabriqués en utilisant les mêmes masques que ceux utilisés pour le procédé haute température (SGFET), cependant, les deux premiers masques vont être utilisés avec de la résine négative. Les autres masques seront utilisés comme pour le procédé standard, avec de la résine positive.

I.3.1 Couche d'isolation

Dans ce procédé, les transistors sont réalisés sur des substrats de silicium qui peuvent être remplacés par une plaque de verre. Ces substrats seront recouverts par une couche d'isolation qui peut être du SiO_2 ; c'est la première étape dans le procédé. La technologie basse température nous impose de déposer la couche de SiO_2 par APCVD (Atmospheric Plasma Chemical vapor Deposition) à 420°C.

I.3.2 Dépôt du silicium polycristallin

Le dépôt de la couche de protection est suivi par le dépôt d'une couche de 350 nm de silicium amorphe par LPCVD aux conditions standards de 550 °C et 90 Pa. Les couches de silicium non dopées et dopées sont obtenues lors du même dépôt. Dans un premier temps, les 200 nm de silicium non intentionnellement dopées de la couche active sont obtenues en injectant dans le réacteur seulement du silane, puis, sans interrompre le dépôt ni casser le vide, un gaz dopant (diborane, dans notre cas) est introduit à son tour pour assurer le dopage des 150 nm restant à déposer. Cette couche de 350 nm est ensuite cristallisée dans ce même four à 600 °C pendant 12 heures, sans remise à l'air, afin d'éviter toute pollution. Cette technique maîtrisée par l'IETR, est appelée dépôt monocouche [150] et a pour but d'éliminer l'interface entre la couche active et les zones de drain et de source. Une fois cette couche de silicium (monocouche) déposée, la première étape de gravure commence.

I.3.3 Définition des zones dopées de source et drain (masque 1)

Cette étape de photolithographie est assez délicate, car elle consiste à graver entièrement la partie du silicium fortement dopée sans trop attaquer la partie inférieure qui doit servir de couche active. En connaissant la vitesse de gravure du silicium polycristallin en plasma SF_6 (tableau 3) [70], le temps de gravure peut être estimé. Afin de nous assurer que toute la couche dopée a été gravée, des mesures de résistivité sont effectuées sur des motifs de test.

Matériau gravé	Gaz réactif	Puissance (W)	Pression (mTorr)	Débit (sccm)	Vitesse de gravure (nm/min)
Silicium polycristallin	SF_6	30	20	20	200

Tableau 3. Conditions opératoires de la gravure ionique réactive (RIE) du silicium polycristallin.

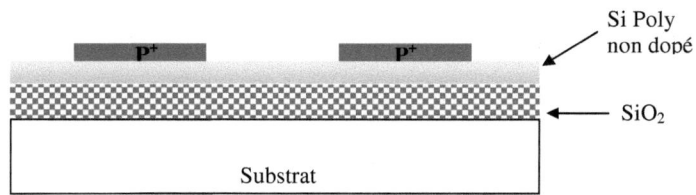

Figure 37. Définition des zones dopées de source et drain.

Après cette gravure, la résine négative SU8 2002 se détache difficilement de la surface du silicium. Un traitement particulier est nécessaire pour bien l'enlever. Au cours de ce traitement, les échantillons sont trempés dans un bain de « Remover », à une température de 80°C pendant 15 minutes.

I.3.4 Isolation des transistors (masque 2)

Cette étape a pour but d'isoler les futurs transistors les uns par rapport aux autres par la gravure RIE de la couche de silicium polycristallin non dopé à l'aide d'un plasma SF_6, dont les conditions opératoires ont été présentées dans le tableau 3. La figure suivante représente la structure à l'issue de cette étape.

A la suite de cette gravure, un nettoyage RCA est nécessaire pour s'assurer de la propreté de la surface où se formera le canal et éviter toute sorte de contamination organique ou métallique qui pourrait dégrader les performances électriques de nos transistors.

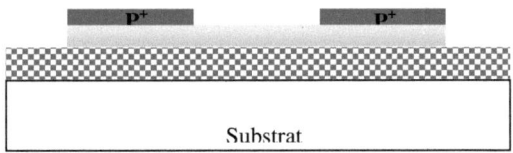

Figure 38. Isolation des transistors.

La différence entre les deux procédés de fabrication (basse et haute température) réside au niveau de ces deux premières étapes de masquage, ainsi qu'au niveau de l'oxyde de grille, qui se fera dans ce procédé à basse température par la technique APCVD à la place de l'oxydation sèche. Quant à la suite de ce procédé, elle est la même que celle utilisée dans le procédé haute température. La figure suivante présente la structure finale du transistor TFT à grille suspendue fabriqué à basse température.

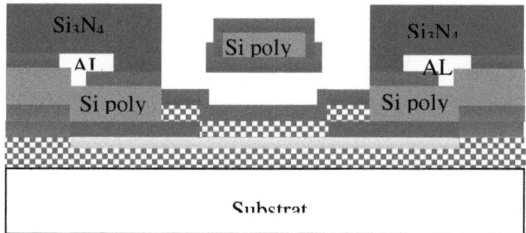

Figure 39. Structure finale du transistor SGTFT.

I.4 Configuration et dimensions des transistors

Les transistors sont répartis sur le substrat, dans des cellules contenant trois transistors ayant des ponts et des canaux de différentes géométries et dimensions. La figure 40 montre la répartition de ces cellules sur le substrat ainsi que les différentes dimensions pour le pont de grille et le canal des transistors dans chaque cellule.

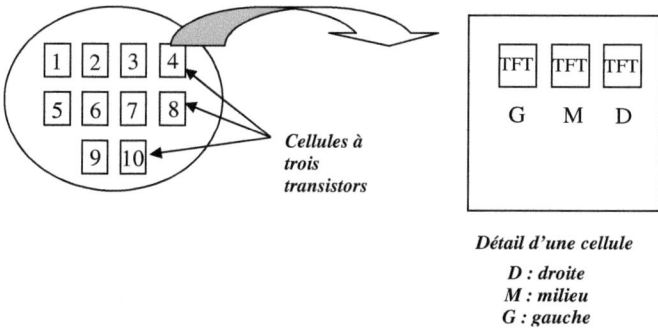

Figure 40. Cartographie de la plaque (wafer) à SGFETS.

La figure 41 présente une photo prise par un microscope électronique à balayage de (MEB) d'un transistor à grille suspendue avec un zoom sur le pont-grille et les ailettes dues à l'isolation des flancs.

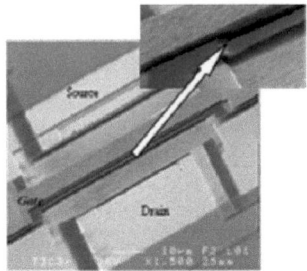

Figure 41. Micrographie MEB des structures et du pont suspendu.

Les différentes dimensions des transistors à grille suspendue (figure 42), sont répertoriées dans le tableau 4.

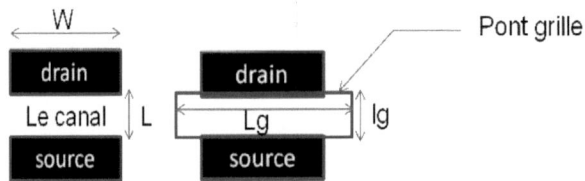

Figure 42. Schéma du transistor à grille suspendue.

	Transistor gauche	Transistor du milieu	Transistor droit
Largeur du canal W	36 µm	60 µm	110 µm
Longueur du canal L	15 µm	23 µm	12 µm
Largeur du pont grille lg	22 µm	30 µm	20 µm
Longueur du pont grille Lg	70 µm	95 µm	140 µm

Tableau 4. Dimensions du canal et du pont de grille pour chaque transistor d'une cellule.

I.5 La hauteur de grille

Elle est définie par l'épaisseur de la couche sacrificielle. La variation de cette épaisseur a une influence sur les caractéristiques électriques du transistor à grille suspendue. Elle sera étudiée par la suite.

I.7 Synthèse des différents capteurs

La première et la troisième couche de nitrure de silicium ont été fixées à une épaisseur de 50 nm. En revanche, la deuxième couche de Si_3N_4, comme elle intervient dans la tenue mécanique du pont-grille, a été déposée avec des épaisseurs différentes sur l'ensemble des capteurs réalisés. Les premiers capteurs ont été réalisés avec une épaisseur de 50 nm. Les suivants, pour lesquels la hauteur de gap est plus importante, ont été réalisés avec une épaisseur de nitrure de 70 nm de manière a augmenter la robustesse des ponts suspendus. D'autres paramètres changent d'un capteur à un autre, ils sont regroupés dans le tableau suivant.

Epaisseur de germanium [gap] (nm)	Epaisseur de nitrure deuxième couche (nm)	Procédé technologique
360	70 nm	Basse Température (BT)
450	50 nm	Haute Température (HT)
480	70 nm	Haute Température (HT)
560	70 nm	Haute Température (HT)
640	70 nm	BT et HT
840	70 nm	Haute Température (HT)

Tableau 5. Spécificités des différentes plaques à transistors fabriquées.

II. Procédé de réalisation des canaux microfluidiques en PDMS

Les canaux sont réalisés en PDMS (*PolyDiMethylSiloxane*) et les moules avec une résine négative SU8 2050.

Les canaux sont d'abord dessinés afin de réaliser des masques de photolithographie spécifiques. Ces masques sont utilisés sur des substrat de silicium couverts de résine SU8. La résine est ensuite développée, créant un moule pour la structure en PDMS. Le PDMS est alors versé dans ces moules dans son état liquide, et suivant un procédé décrit ci-après. Il devient alors solide et forme les canaux dans le PDMS. La figure suivante illustre les différentes étapes de fabrication de ces canaux.

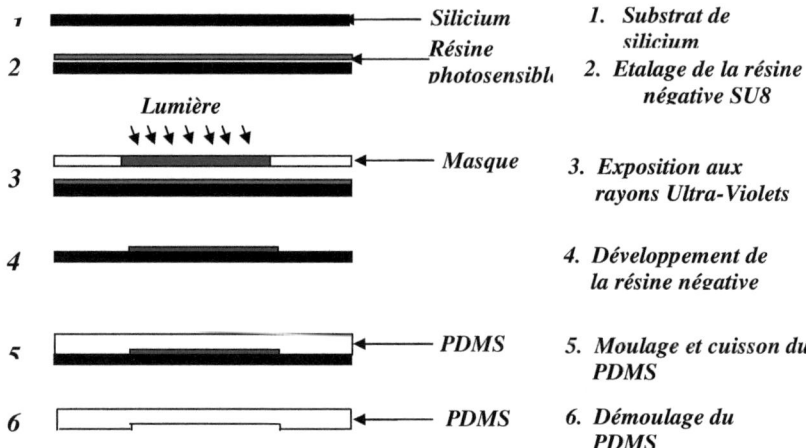

Figure 43. Schéma de procédé de fabrication.

II.1 Préparation des moules en SU8

Les moules représentant les reliefs en SU8 (épaisseur 50 µm) des canaux microfluidiques sont faits en utilisant un masque photolithographique sur un substrat couvert de résine négative.

La procédure et les conditions de l'enduction de la résine négative ainsi que l'insolation sont récapitulés dans le tableau suivant :

Etape	Description
Nettoyage et préchauffage du substrat	120°C pendant 5 minutes
Enduction de la résine SU8-2050	à la tournette voir tableau 7
Pré-recuit	65°C pendant 6 minutes puis 95°C pendant 20 minutes
Exposition	lampe à 365 nm, (10,1 mJ / cm^2) pendant 35 secondes
Post-recuit	65°C pendant 2 minutes puis 95°C pendant 10 minutes
Développement	Développeur SU8 dédié : environ 5 minutes
Rinçage	à l'acétone suivi de l'éthanol
Post-recuit 2	150°C pendant 10 minutes pour durcir les motifs

Tableau 6. Procédé de l'enduction pour la résine SU8.

Les accélérations des deux phases d'enduction pour le plateau de la tournette, ont été fixées à 100 et 300 tours/min respectivement, et cela pour toutes les résines SU8. Cependant, il faut définir les vitesses de ces deux phases ainsi que les temps pour chaque type de résine SU8 et selon l'épaisseur voulue. Dans notre cas, la SU8-2050 a été utilisée et l'épaisseur obtenue est de 50 µm. Le réglage est décrit le tableau suivant :

Phases	Vitesse	Temps associé
Phase 1	500 tours	10 secondes
Phase 2	3000 tours	30 secondes

Tableau 7. Réglage des deux plateaux de la tournette d'enduction pour la SU8.

II.2 Préparation du PDMS

La préparation du PDMS est faite en utilisant un pré-polymère (Sylgard 184 Silicone Elastomer Kit) mélangé avec un agent réticulant (184 curing agent) avec des proportions bien déterminées suivant ces étapes :
1. Mélanger le pré-polymère avec l'agent réticulant, 10 volumes pour 1 volume respectivement.

2. Passer le mélange dans la centrifugeuse ou dans une étuve à pompe à vide, pour éliminer les bulles sur sa surface.
3. Couler sur un moule en résine négative SU8.
4. Mettre au four à 70°C pendant 1h minimum (pour effectuer la réticulation du PDMS).
5. Trouer les entrées/sorties des canaux à l'aide d'une aiguille creuse biseautée.

Caractéristiques techniques

Les tailles standards des canaux sont : une épaisseur de 50 µm, et une largeur qui doit être supérieure à la zone sensible du transistor. Dans un premier temps, la largeur choisie est de 500 µm afin de faciliter le placement du canal sur le capteur.

II.3 Méthode de collage

La méthode utilisée est celle dite collage par plasma à oxygène. Tout d'abord, la surface de PDMS à coller sur le capteur est nettoyée soit par une bande de ruban adhésif soit par l'alcool, ce qui permet d'améliorer l'adhérence. Le PDMS et le capteur sont ensuite placés sur un support en verre, auparavant nettoyé avec de l'alcool. Ce support est mis dans le sas à vide, qui sera ensuite saturé en oxygène. Le plasma à oxygène est activé. Les échantillons vont à l'issu de ce plasma naturellement adhérer l'un à l'autre grâce à des liaisons SiO_2 créées à la surface, tout simplement en appliquant une petite pression par-dessus. Le traitement au plasma des échantillons est d'une durée de 30 à 40 secondes pour une bonne adhésion.

II.4 Schéma des différentes géométries utilisées et leur intérêt

Deux géométries des canaux en PDMS ont été réalisées, la géométrie perpendiculaire à la grille du transistor et la géométrie parallèle.

II.4.1 La géométrie parallèle

La position du canal dans cette géométrie est parallèle au transistor, donc la majorité du flux du liquide passera en contournant la zone sensible, cela pourrait influencer sur la sensibilité de notre dispositif. Cela nous a poussé à envisager d'autres géométries pour le canal.

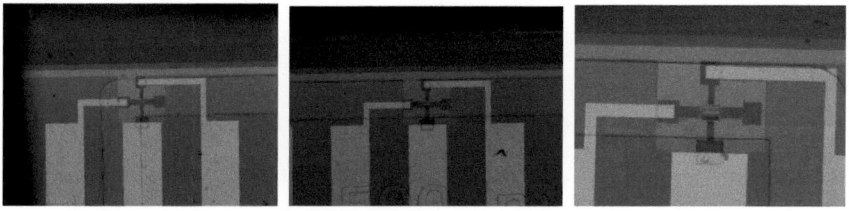

Figure 44. Géométrie parallèle

II.4.2 La géométrie perpendiculaire

Cette géométrie a été conçue pour éventuellement remédier aux problèmes de sensibilité rencontrés dans la géométrie précédente. La position du canal microfluidique dans cette nouvelle géométrie est perpendiculaire à la grille du transistor, cela veux dire, que le flux de liquide est perpendiculaire à la grille du transistor et devrait permettre d'augmenter l'efficacité de mesure, grâce à la grande présence du liquide sous le pont-grille (zone sensible du transistor).

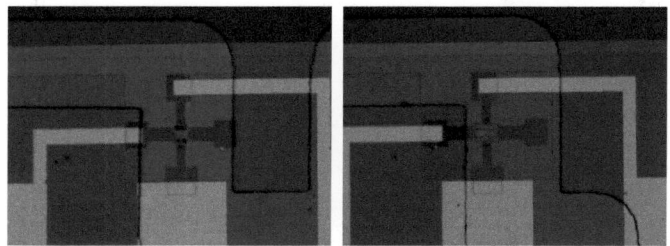

Figure 45. Géométrie perpendiculaire.

III. Problématique de compatibilité entre les deux technologies

Comme il a été mentionné au début de ce chapitre, le système complet consiste à associer les technologies de microfabrication et de microfluidique intégrée, développées par l'équipe Biomis du laboratoire SATIE et les capteurs de charges SGFET développés à l'IETR.

Des essais préliminaires qui ont été réalisées par L. Griscom, du laboratoire SATIE - ENS et O. De Sagazan de l'IETR, ont permis de valider la compatibilité globale entre ces deux technologies et la possibilité de détecter la présence de liquides s'écoulant dans les microcanaux, ainsi que des variations de pH du milieu mesuré.

Dans le paragraphe suivant, la compatibilité des deux technologies sera vérifiée par le contrôle et l'optimisation de l'adhérence entre le PDMS et la surface du capteur, la bonne isolation électrique, et le contrôle du comportement électrique du capteur après collage.

Après une étude permettant d'obtenir une bonne adhésion entre le substrat contenant le capteur et le moulage microfluidique, des tests en écoulement ont été réalisés.

La grande difficulté rencontrée est le positionnement du canal en PDMS sur les microcapteurs (transistors), qui nécessite un alignement précis. De plus, le temps entre la sortie des échantillons du sas et leur collage ne doit pas excéder une dizaine de secondes.

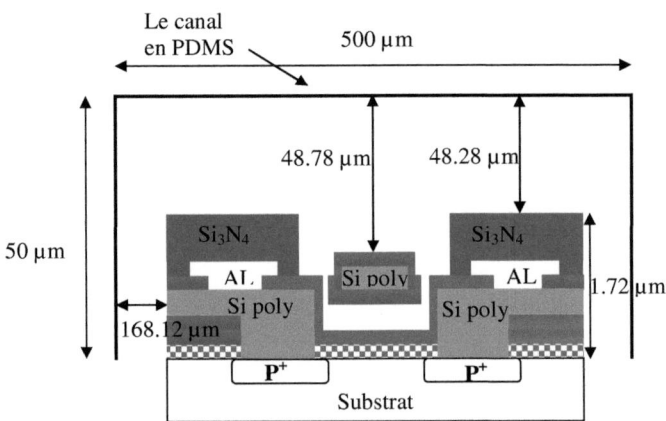

Figure 46. Intégration du canal sur le SGFET.

Une autre difficulté rencontrée lors du collage est la pression exercée sur les échantillons qui peut provoquer l'écrasement partiel ou total du pont suspendu sur le micro-capteur.

Après le collage des microcanaux en PDMS, les transistors sont testés électriquement pour vérifier que leur fonctionnement n'est pas dégradé lors du collage.

IV. Mise au point et améliorations technologiques

IV.1 Isolation des pistes (protection finale)

Comme les transistors à grille suspendue seront utilisés dans des milieux aqueux, cela implique qu'il faut bien isoler la partie électrique du dispositif représentée par les pistes d'aluminium. Donc une couche de passivation avec des bonnes qualités électriques doit permettre de diminuer la perméabilité en milieu aqueux. Par ailleurs, cette couche finale devra être compatible avec le collage des microcanaux.

IV.1.1 Choix des matériaux d'isolation

La couche de passivation doit présenter de bonnes qualités électriques afin de diminuer la perméabilité en milieu aqueux. Cependant, le dépôt de cette couche présente des contraintes décrites ci-dessous.

- Cette couche étant déposée après l'aluminium, la température maximale de dépôt ne doit pas excéder 300°C.
- L'épaisseur de la couche déposée doit être suffisante pour réaliser une bonne isolation électrique, mais pas trop importante pour ne pas créer un relief trop important qui pénalisera l'accès à la zone sensible du capteur.
- Une durée de dépôt raisonnable est également l'un des paramètres dont il faudra tenir compte pour le choix de cette couche d'isolation.
- Il faudra assurer la compatibilité avec la suite du procédé (collage du PDMS).

Pour cela, différentes couches de passivation couramment utilisées au sein du laboratoire ont été insérées dans les procédés de fabrication des SGFETs. Bien entendu, ces dépôts sont effectués avant la libération du pont suspendu.

Trois couches différentes d'isolation d'une épaisseur de 500 nm chacune, ont été déposées sur nos structures SGFET :
- L'oxyde de silicium déposé par pulvérisation cathodique (sputtering),
- Le nitrure de silicium déposé par PECVD,
- L'oxyde de silicium déposé à pression atmosphérique APCVD (Atmospheric Pressure Chemical Vapor Deposition).

IV.1.2 Test d'isolation entre les pistes d'aluminium (avec une goutte sur les pistes)

Le test qualitatif consiste à mettre de l'eau sur une plaque test contenant seulement des pistes en aluminium disjointes, couvertes d'une des trois couches d'isolation étudiées et relever le courant circulant entre les pistes (figure ci-dessous). Ceci permet de détecter une éventuelle fuite au sein de la couche d'isolation ; ceci est fait par un test sous pointes relié à l'appareil de caractérisation (HP 4155).

Les échantillons de test contiennent donc :
- Une plaque de silicium monocristallin + une couche d'oxyde de silicium
- Des pistes en Aluminium de 500 nm d'épaisseur
- Une couche de passivation de 500 nm d'épaisseur soit :
    De nitrure de Silicium (PECVD)
    D'oxyde de silicium obtenu par pulvérisation cathodique
    D'oxyde de silicium (APCVD)

Les caractéristiques de dépôt de ces couches sont données dans le tableau ci-dessous :

Matériau	Méthode de dépôt	Température de dépôt	Durée de dépôt pour 500 nm
SiO_2	APCVD	350°C	30 min
Si_3N_4	PECVD	150°C	50 min
SiO_2	Pulvérisation cathodique	Sans chauffage	2 h 30 min

Tableau 8. Caractéristiques de dépôt pour chaque couche d'isolation.

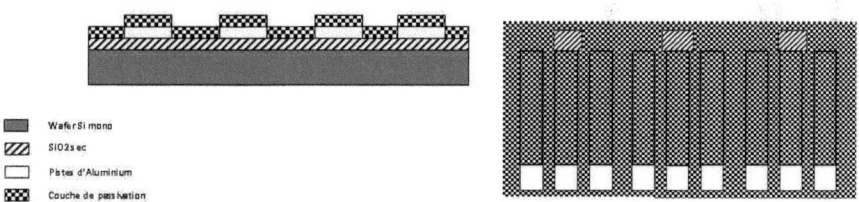

Figure 47. Plaques de test de la couche d'isolation : a) vue de coupe, b) vue de face.

IV.1.3 Gravure des différentes couches d'isolation

Le temps de gravure qui est un paramètre technologique important, diffère d'une couche à l'autre, et dépend également du type de gravure utilisée sur la couche. Ces paramètres sont regroupés dans le tableau suivant.

Couche d'isolation	Type de gravure	Temps de gravure	Observations
SiO2 pulvé	Gravure humide	20 secondes	
SiO2 APCVD	Gravure humide	10 minutes	le HF commence à attaquer les pistes d'aluminium
SiO2 APCVD	Gravure sèche	15 minutes	
Si3N4 PECVD	Gravure sèche	1 minute 10 secondes	

Tableau 9. Paramètres de gravure pour chaque couche d'isolation.

IV.1.4 Tests électriques

Les premiers tests consistaient à relever le courant entre les pistes dans l'air pour obtenir une courbe de référence. D'après ces résultats (figure 48), les courants pour les trois couches d'isolation sont inférieurs au nano ampère, et sont très donc très faibles.

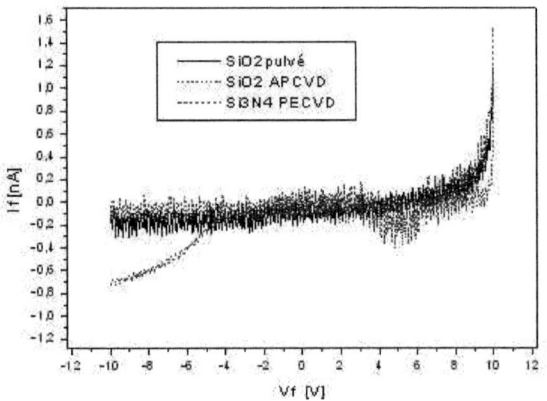

Figure 48. Variations du courant entre les pistes d'aluminium recouvertes d'une des trois couches isolantes dans l'air.

Ensuite, des tests ont été faits en mettant des gouttes d'eau sur ces plaques, puis la variation des courants est relevée par l'analyseur et représentée sur la figure 49.
La figure 49 montre un comportement différent selon les isolants choisis, les courbes les courants relevés sont de :

- 10^{-8} à 10^{-6} A, pour la plaque recouverte de SiO_2 pulvé.
- 10^{-10} A, pour la plaque recouverte de SiO_2 APCVD.
- 10^{-10} A, pour la plaque recouverte de Si_3N_4 PECVD.

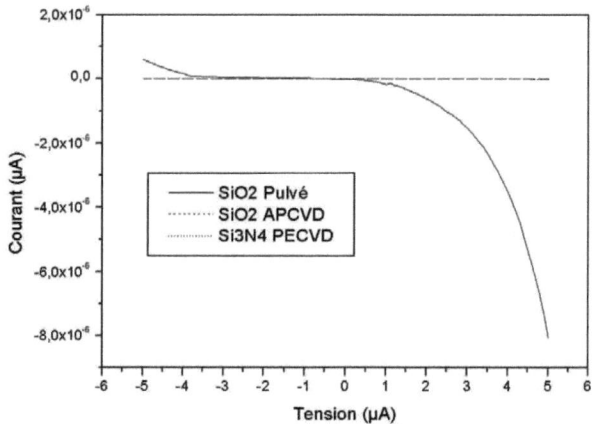

Figure 49. Variations du courant entre pistes d'aluminium recouvertes d'une des trois couches isolantes avec une goutte d'eau sur les pistes.

D'après ces résultats, la plaque recouverte d'oxyde de silicium déposé par pulvérisation a présenté un courant de l'ordre de quelques micro ampères, confirmant une fuite causée par la qualité médiocre d'isolation de cette couche. Par contre, les deux autres plaques ont montré une bonne isolation électrique dans les milieux aqueux et pourront donc être utilisées.

La couche de SiO_2 déposée par APCVD présente de bonnes qualités d'isolation électrique, cependant, dans les milieux acides les structures subissent des dégradations.

Notre choix s'est donc porté sur le nitrure de silicium déposé par PECVD, pour ces qualités d'isolation électrique. De plus, nous obtenons une bonne adhérence des canaux en PDMS sur les transistors protégés par cette couche d'isolation après le collage en utilisant le traitement sous plasma O_2.

IV.2 Vérification de l'isolation électrique après collage des canaux microfluidiques

Cette dernière étape permet de certifier la compatibilité des matériaux choisis et le bon collage du PDMS. Un canal microfluidique en PDMS est collé sur les plaques en pistes d'aluminium couvertes par l'une des trois couches de passivation.

Pour cela, deux types de tests ont été réalisés au sein des deux équipes :

- Le premier test consiste à faire couler un liquide coloré (rouge) dans le canal juste après collage du canal et regarder s'il y a une éventuelle fuite entre le PDMS et le substrat à l'œil nu.
- Le deuxième test est un test électrique, qui consiste, à mesurer le courant entre deux pistes, comme décrit précédemment, tout en injectant l'eau dans le canal en PDMS à l'aide d'une seringue.

Résultats

- Lors du premier test (visuel), la plupart des échantillons ne présentent aucune fuite et le liquide circule normalement dans le canal et ressort par le deuxième trou (la sortie) sans difficulté apparente ; néanmoins sur quelques échantillons, des fuites à l'interface PDMS/capteur apparaissent et sont dues au décollage du PDMS coté trous. Sur d'autres échantillons, le liquide circule dans le canal mais il remonte vers l'entrée (premier trou) ou bien il ne rentre pas du tout dans les canaux et cela crée des fuites au niveau du trou d'entrée. Cela est dû au mauvais perçage des trous, ce qui bouche l'entrée et/ou la sortie des canaux.
- Quant au test électrique, il a permis de vérifier la bonne isolation électrique après le choix adéquat de la couche finale de passivation.

IV.3 Principale difficulté technologique non résolue

Sur certains transistors, la structure suspendue n'a pas pu être libérée à cause de la mauvaise gravure du germanium à l'eau oxygénée H_2O_2, comme le montre les photos MEB suivantes.

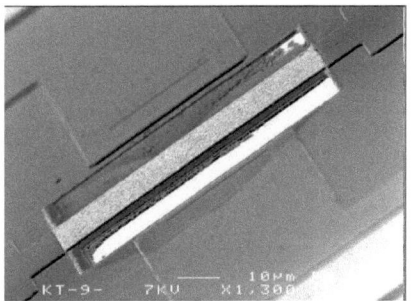 

Figure 50. Photographies d'un transistor SGFET avec les résidus de germanium

Ces deux photos montrent bien des résidus de la couche sacrificielle du germanium dans les zones drain et source du transistor. Ce problème n'a pas été résolu et cela malgré que la durée de gravure à l'eau oxygénée a été allongée jusqu'à 15 minutes supplémentaires.

Conclusion

Nous avons réussi à fabriquer des transistors utilisables dans les milieux aqueux et qui possèdent une bonne isolation électrique grâce à la couche finale de passivation en nitrure de silicium. Ensuite, un système microfluidique constitué des microcanaux en PDMS de largeur de 500 µm, suffisante pour aligner les transistors dans ces canaux, a été intégré sur ces capteurs. Le système global (capteurs + microcanaux) peut être caractérisé pour une utilisation dans la mesure du pH des solutions qui seront injectées dans les microcanaux.

CHAPITRE III :
Caractérisations électriques des capteurs SGFETs

Ce chapitre présente le fonctionnement et la caractérisation des transistors à grille suspendue seuls, avant leur intégration avec les canaux microfluidiques, afin de valider leur bon fonctionnement comme capteurs chimiques.

La première partie est dédiée à la théorie du fonctionnement des transistors à grille suspendue et à leur caractérisation électrique dans différentes ambiances. Une deuxième partie est consacrée à la sensibilité au pH des solutions pour ces transistors ainsi qu'à leur stabilité.

I. Fonctionnement des transistors à grille suspendue SGFET

Avant de commencer à étudier les caractéristiques des transistors à effet de champ à grille suspendue, une première partie est dédiée à la théorie des transistors MOS (Métal Oxyde Semiconducteur), car les transistors SGFETs sont issus de cette technologie.

Ensuite, une deuxième partie est consacrée à la caractérisation des transistors à grille suspendue dans l'air, puis dans l'eau et dans des solutions de différentes valeurs du pH. Enfin, les résultats de la sensibilité au pH de ces transistors sont présentés ainsi qu'une étude de la stabilité de la mesure à la fin de ce chapitre.

I.1 Structure et principe de fonctionnement du transistor à effet de champ à grille isolée MOSFET (type P)

Le transistor est essentiellement constitué d'un substrat de type N, dans lequel deux zones de diffusion P^+ constituent les électrodes source et drain. Une capacité MOS est réalisée sur le substrat entre la source et le drain dont l'oxyde de silicium est l'isolant. L'électrode de commande de la capacité MOS constitue la grille du transistor.

Dans le cas des transistors à inversion (cas de nos SGFETs) sans polarisation de la grille, le seul courant qui peut résulter d'une polarisation source-drain est le courant inverse de l'une des deux jonctions et qui est très faible (négligeable). Par contre, si la capacité MOS grille-substrat est en régime d'inversion, un canal p à la surface du semi-conducteur relie la source et le drain. Il en résulte qu'une polarisation source-drain donne naissance à un courant drain-source appelé courant de drain. Ce courant est autant plus important que le canal est conducteur pour une polarisation drain-source donnée ; il est donc modulé par la tension de polarisation de la grille.

Le principe de fonctionnement du transistor à effet de champ à grille isolée consiste donc à moduler, par la tension grille, la conductivité du canal drain-source résultant de la couche d'inversion créée à la surface du semiconducteur.

En absence de polarisation, le transistor est normalement isolant, la grille doit être polarisée par une tension supérieure (en valeur absolue) à la tension de seuil $|V_{GS}|$ > $|V_T|$ pour que le courant drain circule, on dit alors que le transistor fonctionne alors en régime d'enrichissement.

Etat bloquant

En absence de toute polarisation la capacité MOS est en régime de déplétion, le transistor est normalement bloqué.

Etat passant

Le transistor est polarisé par une tension grille-source V_{GS} négative, supérieure à la tension de seuil V_T. Une couche d'inversion de type p crée un canal conducteur qui relie la source au drain. Le drain est polarisé négativement par rapport à la source par une tension V_{DS}, un courant de drain I_D (négatif) circule dans le canal.

Les paramètres électriques suivants peuvent être définis :

- la transconductance (g_m),
- la tension de seuil (V_T),
- la mobilité d'effet de champ des porteurs (μ),
- la pente sous le seuil (S).

Régime linéaire ou ohmique

Si la tension de drain (négative) est faible ($|V_{DS}| \ll |V_{DSsat}|$), la variation de conductance du canal est négligeable, le courant drain varie proportionnellement à la tension drain-source, le transistor fonctionne en régime linéaire.

Pour des faibles tensions de drain ($|V_{DS}| \leq |V_{GS} - V_T|$), le courant est donné par l'expression :

$$|I_{DS}| = \frac{W}{L} \mu\, C_I \left[\left(-V_{GS} - |V_T| \right) |V_{DS}| - \frac{V_{DS}^2}{2} \right] \qquad (24)$$

Où W et L représentent respectivement la largeur et la longueur du canal et C_I la capacité surfacique de l'isolant de grille.

Pour de très faibles tensions de drain ($|V_{DS}| \ll |V_{GS} - V_T|$), la variation de conductance du canal est négligeable. Le courant de drain est donné par l'expression :

$$|I_{DS}| = \frac{W}{L}\mu\, C_I\,(-V_{GS} - |V_T|)\,|V_{DS}| \tag{25}$$

La valeur de la transconductance peut en être alors déduite :

$$g_m = \left(\frac{\delta I_{DS}}{\delta V_{GS}}\right)_{V_{DS}=cte} = \frac{W}{L}\mu\, C_I\,|V_{DS}| \tag{26}$$

Régime saturé

Quand la tension drain-source augmente, la conductance du canal diminue.

Pour une certaine valeur de V_{DS}, l'accumulation des charge diminue au voisinage du drain, c'est le régime de pincement. La tension drain-source correspondante est appelée tension de saturation V_{DSsat}, le courant correspondant est appelé courant de saturation I_{DSsat}.

Donc lorsque $|V_{DS}|$ atteint la valeur de $|V_{GS} - V_T|$, le canal se pince côté drain. Si la tension de drain augmente au-delà (en valeur absolue) de cette valeur, l'excédent de tension se retrouve aux bornes de la zone désertée, coté drain, dont la résistance est beaucoup plus importante que celle du canal. Ainsi, la tension aux bornes du canal reste approximativement égale à V_{DSsat} et le courant est alors sensiblement constant et égal à (I_{DSsat}) :

$$|I_{DSsat}| = \frac{W}{2L}\mu\, C_I\,(-V_{GS} - |V_T|)^2 \tag{27}$$

La transconductance en régime de saturation est alors déduite de la relation :

$$g_{mSat} = \left(\frac{\delta I_{DS}}{\delta V_{GS}}\right)_{V_{DSsat}} = \frac{W}{L}\mu\, C_I\,(-V_{GS-}|V_T|) \tag{28}$$

Il existe une forte analogie entre la structure d'un transistor MOS à effet de champ à grille isolée et la structure des transistors à effet de champ à grille suspendue.

I.2 Cas des transistors en technologie films minces (silicium polycristallin)

Le modèle théorique des caractéristiques électriques du transistor à effet de champ en silicium monocristallin est transposé dans le cas des transistors en silicium polycristallin.

Le principe de fonctionnement de ce transistor à grille isolée consiste donc également à moduler, par la tension de grille, la conductivité du canal drain-source. Ce canal apparaît à l'interface isolant de grille / semiconducteur (zone active du transistor) lorsque la tension de grille est supérieure à la tension de seuil du transistor V_T. La polarisation drain - source permet alors le passage du courant. Néanmoins, dans le cas d'une zone active en silicium polycristallin, les porteurs doivent franchir des barrières de potentiel situées à chaque joint de grains, ce qui limite la conduction par rapport au cas du MOS à base de silicium monocristallin.

A l'état bloquant, lorsque la tension de grille est insuffisante pour créer un canal ($|V_{GS}| < |V_T|$), le courant entre la source et le drain est faible à cause de la résistivité relativement importante de la zone du canal en silicium polycristallin non dopé.

A l'état passant, lorsque la grille est polarisée par une tension supérieure (en valeur absolue) à la tension de seuil (en valeur absolue), un canal de porteurs est créé entre source et drain et le courant peut circuler.

I.3 Caractérisation des transistors à grille suspendue SGFETs

I.3.1 Caractéristique de transfert

La figure suivante présente une caractéristique de transfert $I_{DS} = f(V_{GS})$ d'un transistor à grille suspendue de type P.

Chapitre III.   *Caractérisations électriques des capteurs SGFETs*

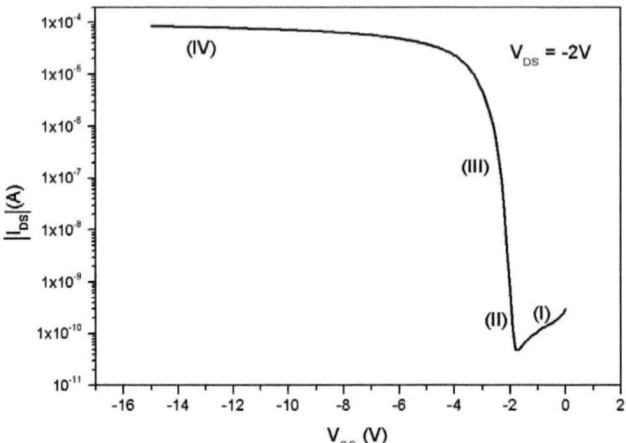

Figure 51. Caractéristique de transfert, en échelle semi-logarithmique d'un FET à grille suspendue à canal P.

Cette dernière illustre les 4 zones de fonctionnement du transistor :

- Zone I : Le transistor est bloqué. Le courant non nul ($I_{DS} = I_{OFF}$) est principalement dû aux porteurs piégés et accélérés par la présence d'un champ électrique au niveau du drain.
- Zone II : Conduction ohmique de toute la couche active.
- Zone III : Le canal se forme et le courant de drain augmente alors très rapidement avec la tension de grille.
- Zone IV : Le transistor est passant ($I_{DS} = I_{ON}$).

I.3.2 Caractéristiques de sortie

La figure 52 présente la caractéristique de sortie $I_{DS} = f(V_{DS})$ d'un transistor pour différents V_{GS}. Celle-ci met en évidence le fonctionnement de type linéaire pour de faibles tensions de drain et un régime de saturation lorsque $|V_{DS}|$ augmente au-delà de $|V_{GS} - V_T|$. Cette caractéristique montre également la modulation du courant de drain par la tension de grille, permettant ainsi de mettre en évidence l'effet de champ dans les transistors.

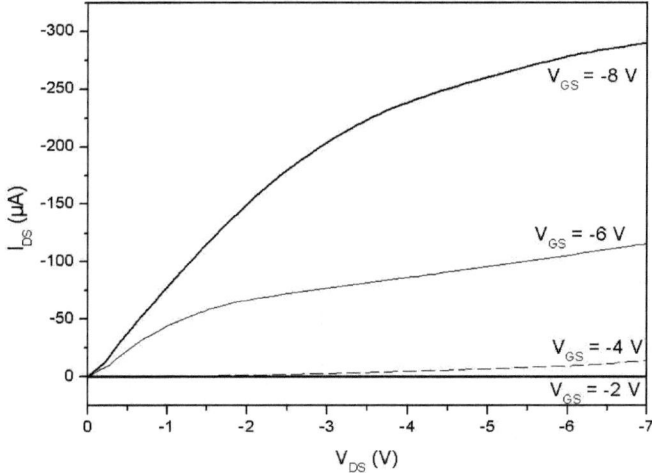

Figure 52. Caractéristiques de sortie d'un transistor FET canal P à grille suspendue.

I.3.3 Tension de seuil

La tension de seuil (V_T) est la tension de grille pour laquelle on observe le début de l'accumulation des porteurs formant le canal. Celle-ci traduit donc la limite de conduction du transistor. Pour un TFT, la tension de seuil est nettement plus importante que celle d'un MOS en silicium monocristallin en raison de l'importante densité de défauts dans les grains, dans les joints de grains et à l'interface isolant de grille / couche active. A faible polarisation de grille, l'accumulation des porteurs dans les défauts du silicium polycristallin rend l'évolution du courant très progressive et la détermination de V_T est alors très délicate. Cette tension de seuil peut néanmoins être estimée par extrapolation de la courbe $I_{DS} = f(V_{GS})$ en régime linéaire ($V_{DS} = -1$ V) comme le décrit la figure 53.

L'expression de la tension de seuil est donnée par :

$$V_T = 2\Phi_s + \frac{Q_f}{C_I} + V_{fb} \qquad (29)$$

où Φ_s (le potentiel du surface) est la différence entre le milieu du gap des semiconducteurs et le niveau de Fermi en volume du semi-conducteur, Q_f la densité surfacique de charges piégées dans le silicium et à l'interface silicium / isolant par les états pièges situés dans le gap, C_I la capacité de l'isolant de grille par unité de surface et V_{fb} la tension de bandes plates. Comme annoncé précédemment, la valeur de ce paramètre dépend donc très fortement de l'état de l'interface oxyde de grille / couche active, des charges piégées dans l'isolant de grille et des défauts présents dans le canal (états pièges dans le gap). De plus, C_I étant inversement proportionnel à l'épaisseur d'isolant de grille, la tension de seuil évoluera donc linéairement avec celle-ci (V_{fb} évoluant également linéairement avec l'épaisseur d'isolant).

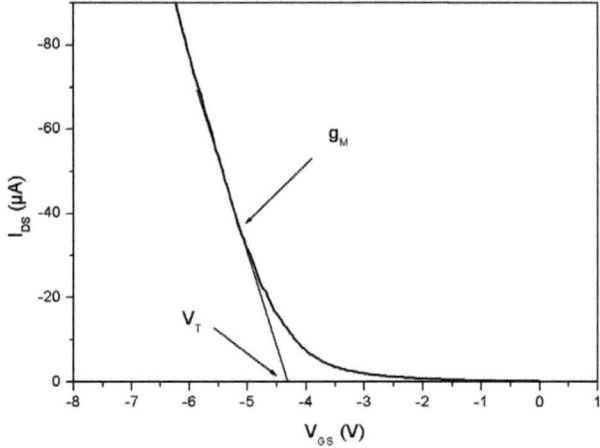

Figure 53. Caractéristique de transfert en échelle linéaire d'un TFT à canal P. La tension de seuil est déduite par extrapolation de la zone linéaire.

I.3.4 Mobilité d'effet de champ

La mobilité d'effet de champ de nos transistors est calculée à partir de l'équation de la transconductance en régime linéaire (faible V_{DS}).

La valeur de la mobilité, exprimée en cm²/V.s, est calculée (par analogie avec les transistors MOS) à l'aide de l'expression suivante :

$$\mu_{FE} = g_m \times \frac{L}{W} \times \frac{1}{C_I} \times \frac{1}{|V_{DS}|} \quad (30)$$

Pour les transistors MOS les mobilités dans un canal de transistor sont de l'ordre de 580 cm²/V.s pour les électrons et de 230 cm²/V.s pour les trous. La mobilité des porteurs se trouvant dans le silicium près de l'interface avec l'isolant est plus faible que celle en volume à cause des interactions avec la surface. Donc la mobilité des porteurs dans le canal est plus faible que celle du matériau massif.

Cependant cette mobilité dépend fortement du champ électrique commandé par la tension de grille. Par conséquent, en régime passant pour de fortes polarisations de grille, la mobilité des porteurs dans le canal chute considérablement à cause des collisions entre les porteurs (électrons ou trous) de l'interface.

Tout d'abord, il faut calculer la capacité totale de l'isolant du transistor C_I pour pouvoir calculer sa mobilité μ_{FE}. L'isolant de grille dans les SGFETs est constitué de quatre couches (SiO_2, Si_3N_4, gap, Si_3N_4) en sandwich. Donc, la capacité totale C_I est égale à la capacité équivalente des quatre capacités en série de ces couches :

$$\frac{1}{C_I} = \frac{1}{C_{SiO_2}} + \frac{1}{C_{Si_3N_4}} + \frac{1}{C_{gap}} + \frac{1}{C_{Si_3N_4}} \quad (31)$$

avec

$C_{SiO2} = 4.9 \cdot 10^{-8}$ F / cm^2 (pour une épaisseur de 70 nm),

$C_{Si3N4} = 1.22 \cdot 10^{-7}$ F / cm^2 (pour une épaisseur de 50 nm),

Et le gap qui pourra être l'air ou l'eau ou un milieu aqueux :

$C_{air} = 1.77 \cdot 10^{-9}$ F / cm^2 (épaisseur de gap = 500 nm),

$C_{eau} = 1.42 \cdot 10^{-7}$ F / cm^2 (épaisseur de gap = 500 nm).

Ces capacités sont calculées à partir de la formule de la capacité surfacique comme suit :

$$C = \frac{\varepsilon_0 \varepsilon}{d} \quad (32)$$

Avec d l'épaisseur du matériau, $\varepsilon_0 = 8.85 \times 10^{-14}$ F / cm (la permittivité du vide), ε est la permittivité relative ou la constante diélectrique du matériau ($\varepsilon_{oxyde} = 3.9$, $\varepsilon_{Si3N4} = 6.9$, $\varepsilon_{eau} = 80$, et celle de l'air est égale à 1).

I.3.5 Pente sous le seuil

La pente sous le seuil correspond à la valeur de la tension de grille à appliquer pour augmenter le courant de drain d'une décade (pour le domaine des tensions inférieures à la tension de seuil). La valeur de ce paramètre correspond à l'inverse de la plus forte pente en échelle logarithmique de la caractéristique de transfert dans la zone 3 de la figure 51. Elle s'exprime en V/déc et traduit la facilité du canal à se former.

$$S = \left(\frac{\delta V_{GS}}{\delta(\log(I_{DS}))}\right)_{V_{DS}=cte} \quad (33)$$

De plus, la pente sous le seuil dépend fortement de la densité d'états profonds, de la densité d'états d'interface et varie également linéairement avec l'épaisseur d'oxyde :

$$S = \frac{KT}{q} \times \ln 10 \times (1 + \frac{C_L}{C_I}) \quad (34)$$

I.3.6 Rapport I_{ON}/I_{OFF}

Ce rapport traduit la différence entre l'état bloqué et l'état passant, I_{OFF} correspond au minimum de courant sur la caractéristique de transfert (en régime linéaire) et I_{ON} représente le courant maximum à l'état passant.

II. Caractérisations des SGFETs dans l'air

Les figures 54 et 55 présentent respectivement les caractéristiques de sortie et les caractéristiques de transfert pour un transistor à effet de champs à grille suspendue.

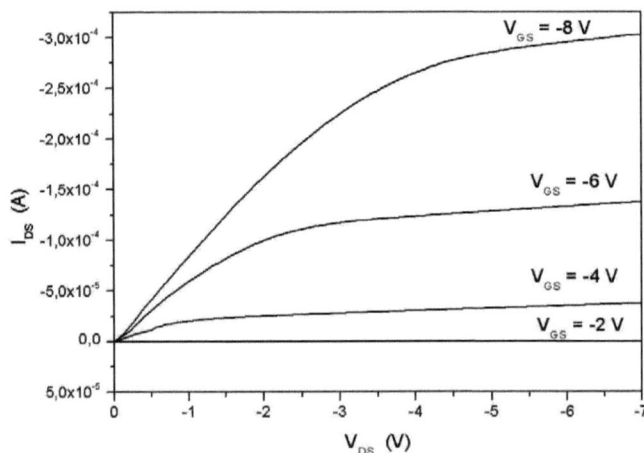

Figure 54. Caractéristiques de sortie d'un SGFET fabriqué en technologie haute température le rapport largeur sur longueur du canal W/L = 60µm/23µm.

Ces caractéristiques de sortie possèdent la forme classique évoquée précédemment, avec un régime linéaire pour les faibles tensions de drain V_{DS}, un régime de saturation pour les grandes tensions de drain, et enfin, une modulation du courant de drain I_{DS} avec la tension de grille V_{GS}.

La caractéristique de transfert en régime linéaire pour V_{ds} = -2V est donnée sur la figure 55.

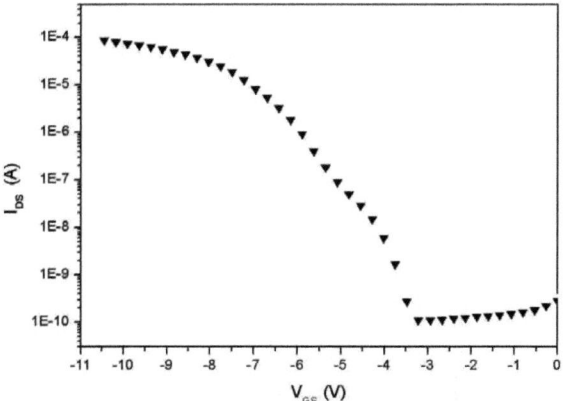

Figure 55. Caractéristique de transfert en régime linéaire d'un SGFET en technologie haute température W/L = 60μm/23μm.

Les différents régimes de fonctionnement du transistor à effet de champ déjà discutés en détail précédemment sont présents sur cette caractéristique.

Le tableau suivant regroupe les paramètres électriques pour ce transistor.

I_{on} (A)	I_{off} (A)	I_{on}/I_{off}	V_T (V)	S (V / dec)	μ_{FE} (cm^2/V.s)	g_m (A/V)
8 x 10^{-5}	1,2 x 10^{-10}	6,67 x 10^5	- 6,4	0.89	----------------	2,3 x 10^{-5}

Tableau 10. Paramètres électriques pour un SGFET en technologie haute température W/L = 60μm/23μm.

Le calcul théorique de la tension de seuil pour les transistors à effet de champs à grille suspendue, en substituant la valeur de la capacité surfacique C_I, et en supposant que les autres paramètres de l'expression de cette tension de seuil sont constants, la tension de seuil devrait avoir une valeur d'environ -30 V, ce qui est très loin de sa valeur expérimentale (tableau 10). De plus, la valeur de la mobilité d'effet de champ n'est pas non plus réaliste (valeur calculée supérieure à 2000 !). Ceci peut provenir du fait que l'air ambiant comporte beaucoup de charges qui modifient fortement le comportement électrique du SGFET [69,70]. Le taux d'humidité peut également fortement modifier cette caractéristique [151]. De ce fait, le calcul théorique de la mobilité est erroné. Les caractéristiques dans l'air permettent toutefois de vérifier le bon fonctionnement des dispositifs. Le mieux serait de faire ces tests sous vide.

III. Caractérisations dans l'eau et mesure du pH

III.1 Introduction

Les transistors à grille suspendue ont montré une grande sensibilité aux charges électriques existant dans les milieux gazeux [70]. Grâce aux couches de nitrure de silicium qui entourent les transistors (la couche sensible et la couche de passivation), il est possible d'utiliser ces transistors pour la mesure de pH des solutions électrolytes. Les couches de nitrure de silicium ont souvent été utilisées dans les ISFETs comme couches sensibles aux ions H_3O^+ dont la concentration est liée au pH de solution à analyser.

III.2 Préparation des solutions

Plusieurs électrolytes ont été préparées avec différentes valeurs de pH, dans le but de déterminer les caractéristiques chimiques des transistors à grille suspendue SGFETs, en suivant l'évolution des caractéristiques électriques de ces composants en fonction du pH des solutions de test.

La méthode utilisée pour la préparation de ces solutions est la dilution dans l'eau désionisée d'acides ou de bases.

Des pastilles d'Hydroxyde de sodium NaOH et d'Hydroxyde de potassium KOH ont été diluées dans l'eau désionisée afin de préparer ces solutions de test. Pour la mesure du pH des solutions ainsi obtenues, un pH-mètre commercialisé référencié *IQ240* avec une sonde à ISFET a été utilisé.

III.3 Procédure de la caractérisation électrique

Le matériel utilisé pour la caractérisation comprend un traceur de caractéristiques *Agilent Technologies B1500A* et un testeur sous pointes.

Le principe de caractérisation électrique est simple, il consiste à mesurer le courant drain-source en fonction de tension grille-source (caractéristique de transfert du transistor) avec une tension drain-source V_{DS} constante et égale à - 1V (tension de polarisation), pour différentes solutions ayant différentes valeurs de pH.

La solution sous test joue le rôle de l'isolant de grille dans laquelle la quantité et la nature d'ions influe directement sur les caractéristiques électriques du transistor en variant sa tension de seuil.

III.4 Caractérisations électriques des SGFETs dans l'air et dans l'eau

Le courant de fuite I_{GS}

C'est le courant qui circule entre la grille et la source ; il dépend des charges piégées dans l'isolant et de la perméabilité de celui-ci dans le milieu liquide (qualité de la couche d'isolant de grille).

Ce courant de fuite doit être minimal, ce qui exige que l'isolant de grille soit de bonne qualité. Une étude a été faite pour améliorer la qualité électrique de cette couche isolante en optimisant le dépôt de la couche de nitrure de silicium en LPCVD [70] qui sera utilisée comme isolant de grille pour nos transistors.

Avant de procéder à la mesure de pH utilisant ces transistors à grille suspendue, il faut d'abord étudier l'influence du milieu liquide sur leurs caractéristiques électriques.

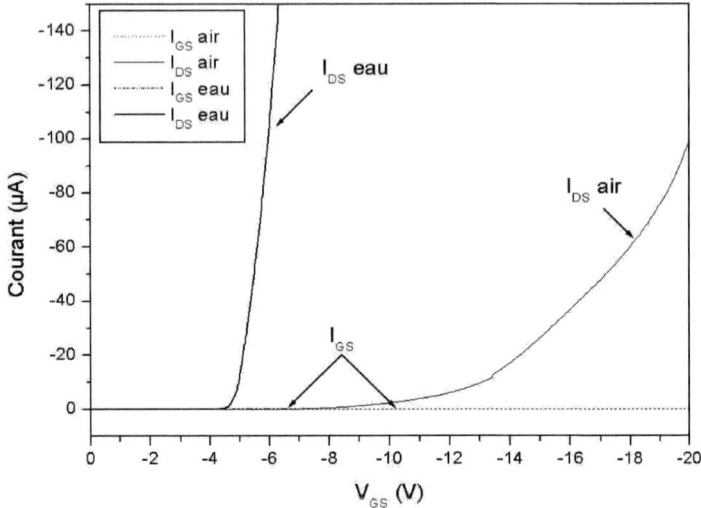

Figure 56. Caractéristiques $I_{DS}-V_{GS}$ et $I_{GS}-V_{GS}$ du transistor SGFET dans deux milieux de mesure différents (l'eau et l'air).

D'après ces courbes, le courant direct I_{ON} du transistor est beaucoup plus élevé dans l'eau que dans l'air. Par contre, la tension de seuil du transistor est beaucoup plus élevée dans l'air que dans l'eau.

Cela peut être expliqué par la grande densité de charges électriques qui existent dans l'eau en comparaison avec l'air, de plus, la permittivité électrique de l'eau égale à 80, est plus grande par rapport à celle de l'air égale à 1. Cela peut être constaté dans le calcul de la capacité totale de l'isolant de grille C_I évoqué précédemment, et qui dépend de la constante diélectrique du matériau dans le gap. Elle est égale à $C_{Iair} = 1.66.10^{-9}$ F / cm² dans l'air, par contre, dans le cas de l'eau elle est égale à $C_{Ieau} = 2.28.10^{-8}$ F / cm².

Par contre, le courant de grille I_{GS} est très petit dans les deux milieux de mesure (de l'ordre de 10^{-10} A pour l'air et de 10^{-8} à 10^{-7} A dans l'eau), ce qui montre que le courant de fuite entre la grille et la source est négligeable. Le tableau suivant regroupe les caractéristiques dans l'air et dans l'eau pour le transistor de la figure 56. Les tensions de seuil sont très variables dans l'air et dépendent de la quantité de charges, de l'humidité, etc.

	I_{on} (A)	I_{off} (A)	I_{on}/I_{off}	V_T (V)	S (V/dec)	μ_{FE} (cm^2/V.s)	g_m (A/V)
air	5,2 x 10^{-6}	1,7 x 10^{-11}	3.1 x 10^5	-12,3	0.61	> 900 !	3,06 x 10^{-5}
eau	1,15 x 10^{-4}	3,88 x 10^{-10}	2,96 x 10^5	- 4,75	0,32	181	7,45 x 10^{-5}

Tableau 11. Paramètres électriques pour un SGFET en technologie haute température W/L = 110μm/12μm.

L'extraction de la valeur de la mobilité d'effet de champ dans les deux milieux de mesure devrait conduire approximativement à la même valeur. Le résultat obtenu dans le cas de l'eau conduit à une valeur correcte, alors que celle-ci est à priori surestimée dans le cas de l'air, comme cela a déjà été montré au paragraphe précédent. Toutefois, les évolutions des caractéristiques entre les deux milieux de mesure sont cohérentes. Par ailleurs, ces résultats prouvent la possibilité d'utiliser ces transistors dans des milieux aqueux. Enfin, les caractéristiques obtenues dans l'eau montrent que les tensions de polarisation nécessaires à la création du canal sont faibles (V_T).

Cependant, certains courants de fuites I_{GS} sont grands, ce phénomène a été constaté surtout sur des transistors où le pont-grille n'est pas entièrement recouvert par une couche de nitrure de silicium ou bien sur les transistors avec défaut. Par conséquent certains de ces transistors ne seront pas utilisables dans les milieux liquides.

Effet de la géométrie des SGFETs

La figure suivante présente les courbes de caractéristiques pour trois transistors SGFETs de géométries différentes immergés dans l'eau.

Les courbes des caractéristiques pour les trois géométries ont montré des pentes différentes : 10,2.10^{-5} A / V pour le transistor de droite, 3.94.10^{-5} A / V pour celui du milieu, et 3.88.10^{-5} A / V pour le transistor de gauche. Ceci est relié à leurs rapports W/L qui sont différents. D'après la formule du courant dans la région ohmique (équation 25), le changement du rapport W/L se traduit sur les caractéristiques de transferts des transistors par une modification de la pente de ces courbes.

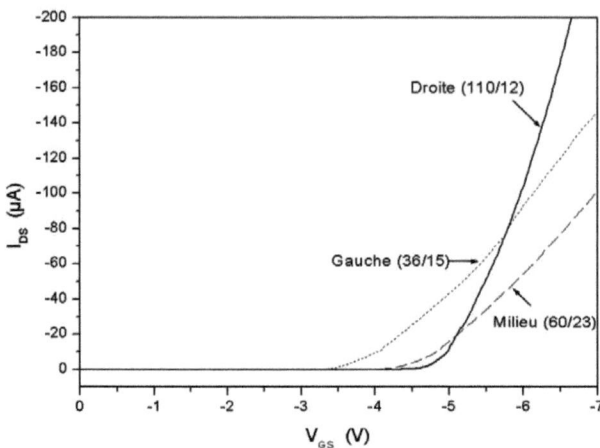

Figure 57. Caractéristiques de transfert dans l'eau pour les différentes géométries des transistors SGFETs.

Ces rapports pour les trois structures sont donnés avec les schémas correspondants de la structure du pont dans la figure suivante.

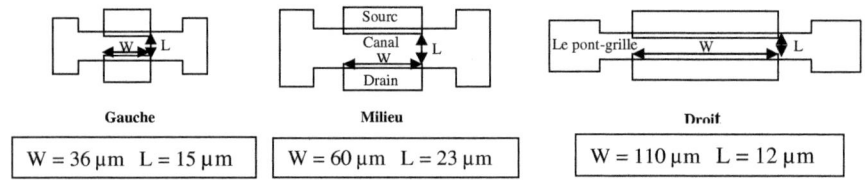

Figure 58. Les dimensions du canal W et L pour chaque géométrie des transistors SGFETs.

Ces différents rapports sont : W/L = 2.4 (celui de gauche), W/L = 2.6 (celui de milieu) et W/L = 9.2. Le comportement électrique des trois transistors (rapport des pentes des courbes expérimentales) est cohérent avec celui de la théorie (rapports W / L).

Le tableau suivant regroupe les différentes caractéristiques dans l'eau des SGFETs pour les trois géométries.

eau	I_{on} (A) (V_G = -6V)	I_{off} (A)	I_{on} / I_{off}	V_T (V)	S (V/dec)	μ_{FE} (cm²/V.s)	g_m (A/V)
D	1,15 x 10⁻⁴	3,88 x 10⁻¹⁰	3 x 10⁵	-5,3	0,32	375	1,58 x 10⁻⁴
M	5,79x 10⁻⁵	1,46 x 10⁻¹⁰	4 x 10⁵	-4,7	0,41	389	4,74 x 10⁻⁵
G	9,76 x 10⁻⁵	1,53 x 10⁻¹⁰	6,4 x 10⁵	-3,5	0,34	411	4,54 x 10⁻⁵

Tableau 12. Paramètres électriques pour les trois géométries.

Sur l'ensemble des transistors testés, en particulier dans les milieux liquides, c'est celui de droite qui fonctionne toujours mieux que les deux autres géométries (milieu et gauche), ce qui peut être expliqué par sa géométrie particulière : un pont plus long et fin par rapport aux deux autres, permettant ainsi de faire passer plus facilement le liquide sous le pont. Les tensions de seuil dépendent de l'état de surface initial du capteur, ainsi que de la solution de test. Elles peuvent être différentes d'un transistor à l'autre, ce qui nécessite un étalonnage préliminaire.

La figure 59 présente un autre exemple de caractéristiques de transfert de trois transistors de géométries différentes mais cette fois-ci plongée dans une solution à pH = 9.

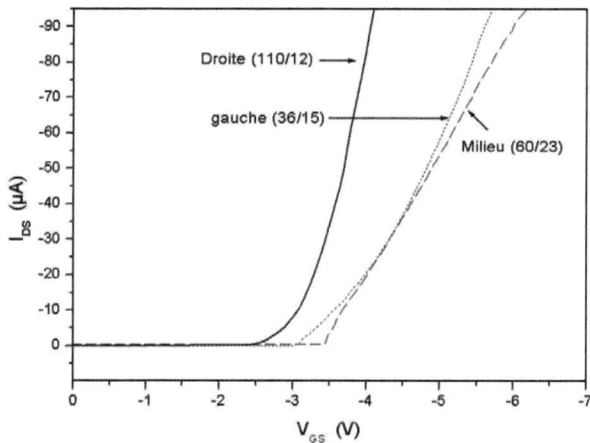

Figure 59. Caractéristiques de transfert au pH9 pour les différentes géométries des transistors SGFETs

Le même comportement que précédemment dans l'eau est constaté sur les trois transistors, ce qui confirme encore une fois la théorie évoquée précédemment. Ce comportement indique donc que les trois géométries de transistors fonctionnent correctement dans ce cas précis. Toutefois, comme précisé ci-dessus, la géométrie du transistor droit semble généralement plus adaptée et donne des résultats plus reproductibles que les deux autres géométries.

III.5 Evolution de la caractéristique de transfert du SGFET avec le pH des solutions tests

Avant de tracer les caractéristiques de transfert du transistor, la valeur du pH de la solution est mesurée avec un pH-mètre de référence.

Ensuite une goutte de cette solution est mise sur notre transistor, et la caractéristique est par la suite relevée pour une tension V_{DS} = -1V. La même procédure est utilisée pour les autres solutions de test. Les mesures sont effectuées en milieu basique à pH croissant.

Après chaque expérience, un bon rinçage du SGFET dans l'eau désionisée est obligatoire pendant quelques minutes afin d'éliminer toutes les charges électriques existant dans le gap du transistor, qui proviennent de la solution test. Ce protocole est appelé 'une seule mesure', car pour chaque solution du pH, une seule mesure des caractéristiques de transfert est réalisée et donc une seule caractéristique est relevée. Le procédé de rinçage sera étudié plus en détail par la suite. La figure suivante illustre l'évolution générale de la caractéristique de transfert du transistor à grille suspendue avec la valeur de pH des solutions test.

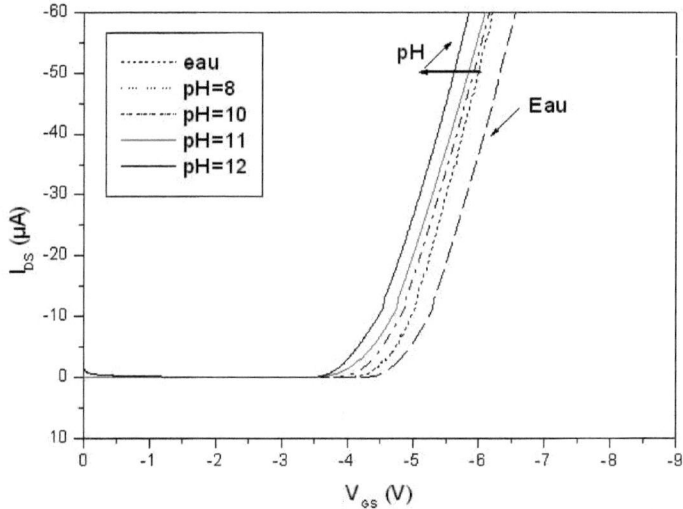

Figure 60. Evolution de la caractéristique de transfert du SGFET avec la valeur du pH de la solution test.

L'évolution de la caractéristique de transfert du transistor avec le pH des électrolytes test est parfaitement nette. Cette caractéristique se translate vers les tensions faibles lorsque la valeur du pH de la solution augmente. Ce phénomène peut s'expliquer par la diminution de la quantité des ions mobiles positifs H_3O^+ et l'augmentation de la quantité des ions mobiles négatifs OH^- dans la solution test lorsque la valeur du pH augmente. Cette augmentation de la quantité des ions négatifs va créer à la surface du nitrure de silicium un potentiel négatif proportionnel à la valeur de pH de l'électrolyte, qui permettra de diminuer la tension grille nécessaire pour créer le canal.

La figure suivante présente l'évolution des caractéristiques de transfert pour un transistor à grille suspendue plongé dans deux milieux : acide (pH = 3) et basique (pH =12).

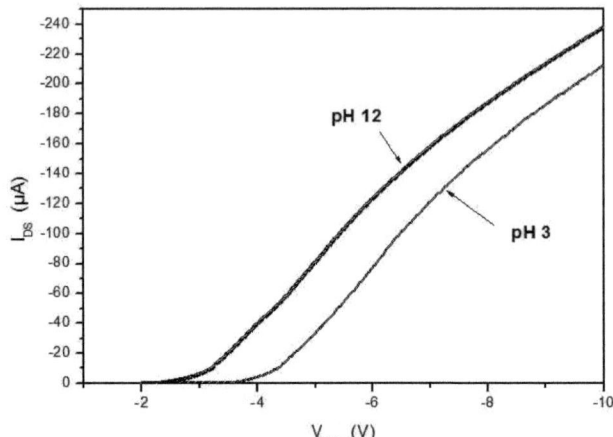

Figures 61. Evolution des caractéristiques de transfert avec le pH des solutions pour un SGFET(D) sans les canaux.

Le décalage des courbes selon la valeur du pH est bien net, avec un décalage vers les tensions plus négatives (vers la droite) pour la valeur du pH acide (charges positives), et un décalage vers les tensions moins négatives (vers la gauche) pour celle de base (charge négative).

Cela confirme la faisabilité d'utiliser ces transistors comme capteurs dans la détection du pH.

III.6 Résultats sur la sensibilité des SGFETs au pH des solutions à base de NaOH

Un des paramètres qui caractérisent un capteur en général, c'est sa sensibilité de mesure. La sensibilité d'un capteur peut être définie comme étant la plus petite variation d'une grandeur physique que peut détecter ce capteur. Le capteur est dit linéaire si sa sensibilité est linéaire, en d'autres termes, si sa sensibilité est constante dans la plage de variation de la grandeur physique à détecter. Donc, pour nos structures, l'objectif sera d'avoir une sensibilité grande et linéaire au pH des solutions.

La méthode utilisée pour tracer la sensibilité en fonction du pH, consiste à relever la variation de la tension de grille pour chaque valeur du pH, pour la même valeur du courant de drain I_{DS}. Ainsi, quand la valeur du pH change cela engendre automatiquement le changement dans la valeur de tension V_{GS} pour la même valeur du courant du drain. Cette méthode est plus simple que de calculer le décalage de la tension de seuil. Néanmoins, les deux méthodes sont équivalentes car le décalage est toujours dû à la variation de cette tension de seuil induite par les charges dans l'électrolyte.

La valeur du courant I_{DS} est choisie de telle manière à être dans la zone ohmique des caractéristiques de transfert du transistor, de plus cette valeur correspond approximativement à la valeur maximum de transconductance comme l'illustre la figure ci-dessous.

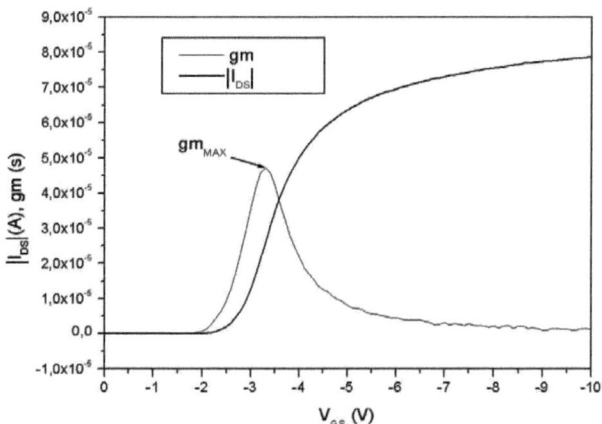

Figure 62. La courbe de transconductance couplée avec celle de transfert en valeur absolue Extraction de la valeur du I_{DS} correspondant au g_{mMax}.

Les premiers tests représentés sur les figures suivantes ont été réalisés avec des transistors à grille suspendue avec une épaisseur de gap de 450 nm et fabriqués suivant le procédé haute température. La sensibilité a été calculée pour un courant de drain de -60 µA et une tension de drain de -1V. Les deux figures qui suivent présentent des exemples de caractéristiques de transfert et de sensibilité au pH pour un transistor de gauche (W/L = 36/15).

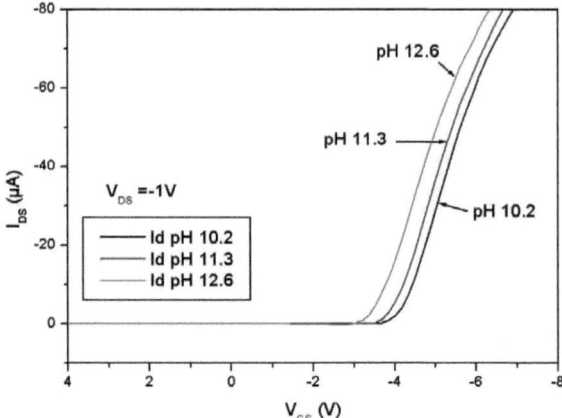

Figure 63. Evolution des caractéristiques de transfert avec le pH des solutions pour un SGFET(G).

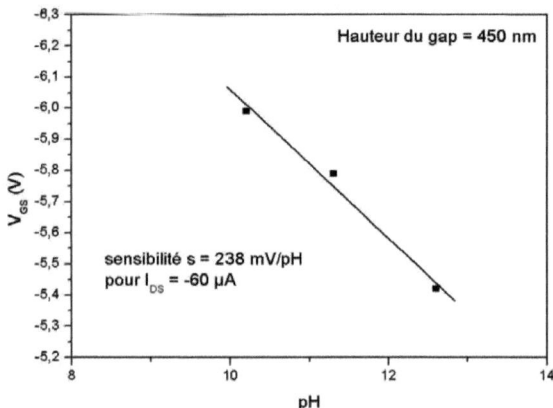

Figure 64. Détermination de la sensibilité d'un transistor de gauche (W/L = 36/15) du procédé haute température.

Une grande sensibilité est relevée (supérieure à 200 mV/pH).

La même sensibilité est relevée pour le transistor de droite (W/L = 110/12) (figure 65). Cette sensibilité est nettement supérieure à celle de Nernst, correspondant à la valeur maximale de sensibilité sur un capteur de type ISFET, et qui est de 59 mV/pH.

Chapitre III. *Caractérisations électriques des capteurs SGFETs*

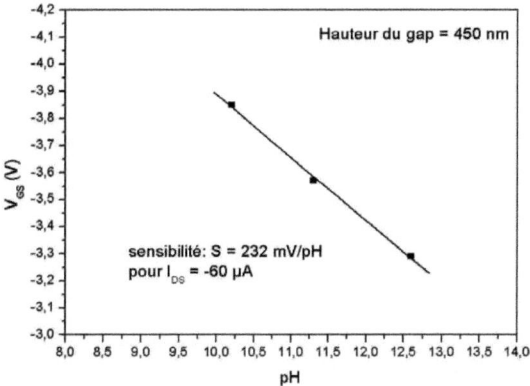

Figure 65. Sensibilité d'un transistor de droite (W/L = 110/12) du procédé haute température

De façon générale une grande sensibilité au pH est relevée pour nos transistors à grille suspendue.

D'autres tests ont été faits sur d'autres plaques d'un autre procédé haute température dont la figure suivante montre un exemple pour un transistor ayant un gap de hauteur de 480 nm. Les résultats illustrés figures 66 et 67 montrent un bon fonctionnement du dispositif, mais une sensibilité plus faible que celle obtenue précédemment. Pourtant, il n'y a pas de différence technologique, hormis une légère variation de la hauteur du gap (480 nm dans le second cas).

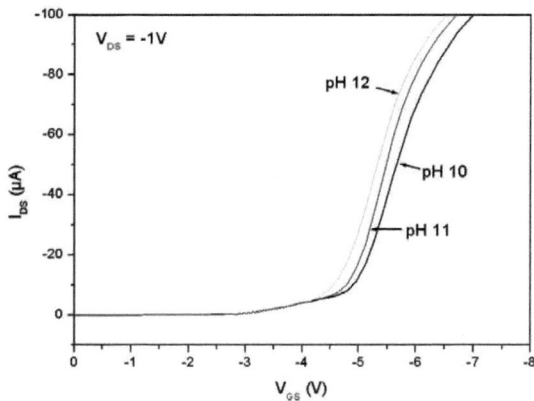

Figure 66. Evolution des caractéristiques de transfert avec le pH des solutions pour un SGFET(D).

Chapitre III. *Caractérisations électriques des capteurs SGFETs*

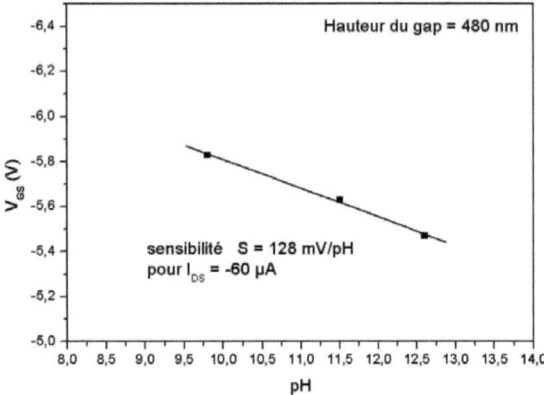

Figure 67. La sensibilité d'un transistor de droite du procédé haute température.

Une observation des secondes structures au MEB (Microscopie électronique à balayage) a montré (figure 68) la présence de résidus de la couche sacrificielle de Germanium constatés dans la zone près du pont et la zone active du transistor. En se référant aux images de MEB prises sur des échantillons des deux procédés présentées dans les figures ci-dessous. Ces résidus sont dus forcément à la procédure de gravure humide utilisée (H_2O_2). Cette difficulté technologique n'a pu encore être expliquée. Cela montre en tout cas que la valeur de la sensibilité est fortement liée à la pénétration du liquide sous le pont.

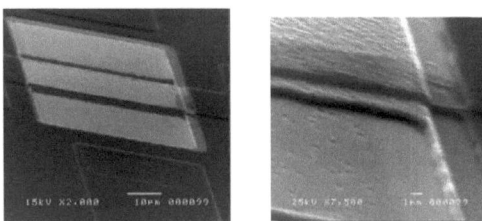

Figure 68. Photographies pour des transistors du premier lot (haute température).

 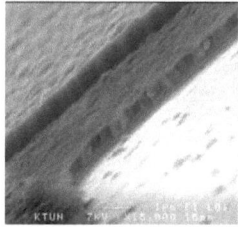

Figure 69. Photographies pour des transistors du second lot, gap de 480 nm (haute température).

La sensibilité de nos structures est beaucoup plus grande que celle des ISFETs quelle que soit la géométrie du transistor (procédé haute température).

Nous avons ensuite étudié la linéarité du capteur de pH sur une plus grande gamme de détection, en utilisant des solutions ayant des valeurs de pH dans la plage de 6 à 12. Un exemple de résultat est représenté dans la figure suivante et montre la variation de la tension de grille avec la valeur du pH des solutions pour un courant de drain fixé à – 60 µA.

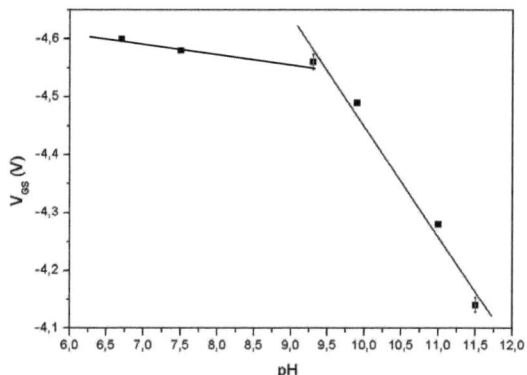

Figure 70. Variation de la tension de grille en fonction du pH de solution

Selon la figure 70, la sensibilité au pH est quasiment linéaire entre 8 et 12, ainsi que dans la zone de 6 à 8 (aux alentours de pH = 7). Par contre, la sensibilité est différente dans ces deux zones de pH. Ce résultat peut paraitre surprenant, mais il avait déjà été obtenu par simulation sur des structures à grille suspendue.

La simulation a été faite au sein du groupe microélectronique à l'IETR par A.C Salaün *et al* [152], et est basée sur la résolution numérique bidimensionnelle de l'équation de Poisson, permettant de calculer le potentiel électrostatique en fonction de la tension de grille appliquée. La résolution numérique tient compte de tous les paramètres physiques caractérisant la structure : taille, épaisseur des différentes couches et dopage. La spécificité du modèle tient bien-sur compte de la distribution de charges dans le gap en fonction du champ appliqué mais également à l'interface électrolyte/nitrure de silicium. Cette dernière, épaisse de quelques angströms, est une région très dense en ions. L'accumulation des charges modifie le comportement de cette interface nécessitant de s'intéresser aux modèles spécifiques développés en électrochimie. La théorie du site-binding a été notamment appliquée dans le modèle pour expliquer le processus à l'interface nitrure-électrolyte et comprendre la forte sensibilité aux charges de notre capteur.

Selon cette étude sur la modélisation de la sensibilité au pH pour les transistors à grille suspendue SGFET, qui a été faite dans des milieux acides, et pour des pH variant de 2 à 7, la réponse en sensibilité est linéaire sur une plage de pH allant environ de 2 à 6. Par contre, aux alentours de pH = 7, la sensibilité décroit. Dans cette zone de pH, la sensibilité devient quasiment identique à celle d'un ISFET, à savoir environ 50 mV/pH. La figure suivante issue de la simulation présente la variation de la tension de seuil V_T en fonction du pH allant de 4 à 7 (le décalage de V_T est calculé par rapport à une référence pour le pH = 7).

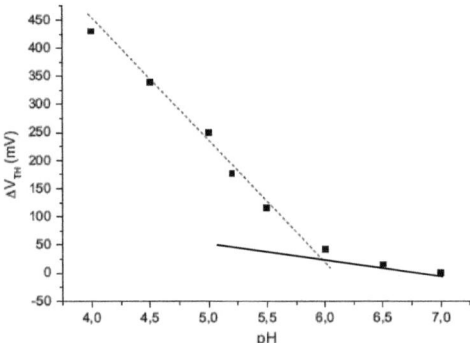

Figure 71. Variation de la tension de seuil en fonction du pH [152].

Même si les gammes de pH ne sont pas identiques dans les deux cas, à savoir la caractérisation des capteurs et leur simulation, nous retrouvons un comportement similaire avec deux zones de fonctionnement : une zone à forte sensibilité pour des valeurs de pH éloignées de 7, et une zone à plus faible sensibilité pour des valeurs proches de 7.

Les solutions à pH proche de 7 sont celles qui contiennent le moins de charges (positives et négatives). Il est possible que l'influence de ces charges soit moindre dans la structure de type SGFET.

Pour les zones de pH éloignées de 7, la simulation donne une sensibilité de 210 mV / pH, pour un gap de 500 nm, ce qui est proche de la sensibilité de 230 mV / pH, obtenue pour un gap de 450 nm.

Nous avons ensuite fait des tests dans des solutions tampons, c'est-à-dire avec des valeurs de pH prédéterminées. Ces solutions ont également été diluées afin de voir l'influence de la concentration de charges globale de la solution. Les courbes présentées à la figure 72 permettent d'affirmer que le décalage de la courbe de transfert est causé par le changement du pH de la solution et pas par la concentration des charges contenues, étant donné que la dilution d'un facteur 2 ne change pas la caractéristique du capteur.

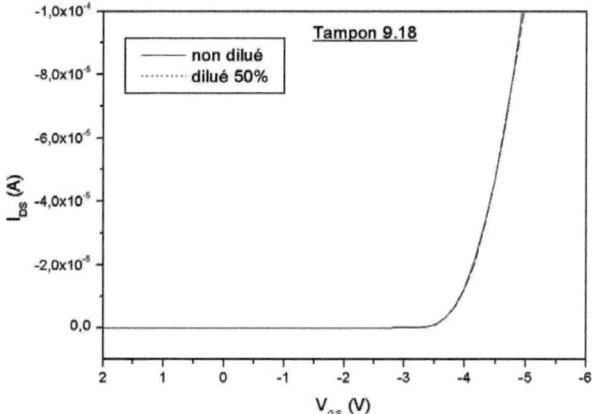

Figure 72. Caractéristiques $I_{DS}-V_{GS}$ du transistor SGFET dans une solution tampon

III.7. Effet de l'épaisseur du gap sur la sensibilité du SGFET au pH

Nous nous sommes donc ensuite intéressés à l'effet de la hauteur du gap sur la sensibilité maximale, obtenue dans des gammes de pH éloignées de 7 (soit en solution basique dans notre cas). Cet effet avait également été évalué en simulation [152].

La hauteur de la grille suspendue au-dessus du canal du transistor SGFET, définie par l'épaisseur de la couche sacrificielle du germanium sous le pont-grille, peut influencer les caractéristiques du transistor et par conséquent modifier sa sensibilité au pH.

Nous avons pris des transistors avec des hauteurs de gap comprises entre 360 nm et 840 nm (tableau 5). Farida Bendriaa [70] avait montré, en utilisant deux valeurs de gap différentes que la sensibilité diminuait lorsque le gap augmentait.

Parmi les différentes plaques que nous avons testées ; il n'a pas été possible pour l'instant d'extraire des résultats fiables avec des hauteurs de gap de 360 nm. Ceci peut-être dû à la difficulté de graver sous le pont sur une faible hauteur. Les résultats les plus reproductibles et les plus fiables sont obtenus pour des gaps de 450, 560 et 640 nm. Les échantillons ayant un gap de 840 nm fonctionnent pour la plupart, mais les résultats de sensibilité sont plus dispersés. Ceci peut-être dû à une plus grande fragilité du pont suspendu, pouvant entrainer un affaissement et donc une variation significative de la sensibilité si celle-ci dépend de la hauteur effective du gap.

Les résultats sont rassemblés dans le tableau 13 ci-dessous.

Gap (nm)	450	480	560	640	840
Sensibilité moyenne (mV/pH)	230	-	210	180	De 130 à 220

Tableau 13. Valeurs de sensibilité au pH en fonction de la hauteur de gap.

D'une manière générale, la sensibilité décroit lorsque la hauteur du gap augmente. Ceci peut être dû au fait que, la distance entre la grille suspendue et le canal augmentant, le champ électrique dans la solution diminue, et la répartition des charges est différente.

D'après l'étude menée par A.C Salaün [152], et les travaux de thèse de F. Bendriaa [70], la sensibilité au pH a tendance à diminuer lorsque le gap du transistor augmente, cela peut être expliqué par la faible concentration des charges à la surface de la couche sensible du nitrure de silicium due à la diminution du champ électrique, en revanche quand la hauteur du gap diminue le champ électrique augmente.

L'effet de la hauteur du gap sur la sensibilité au pH a été simulé [152] dans la région linéaire de la sensibilité (pH allant de 2 à 6) pour des hauteurs du gap allant de 250 nm à 2 µm. le résultat de la simulation est présenté dans la figure suivante.

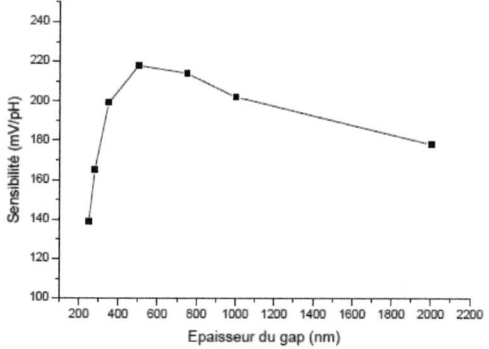

Figure 73. La sensibilité au pH pour différentes hauteurs du gap [152].

La sensibilité présente un maximum pour les hauteurs du gap comprises entre 450 nm et 800 nm. Cela peut être expliqué par le phénomène d'absorption des charges sur la surface de nitrure de silicium fortement couplé avec l'effet du fort champ électrique dans le gap qui a une grande influence sur le site-binding. L'explication qui pourrait être donnée pour les hauteurs du gap inférieures à 450 nm, est que la couche diffuse peut être compressée (diminution de la longueur de Debye), menant à une diminution de la sensibilité du transistor au pH. Dans la gamme de hauteur de gap que nous avons pu réaliser et tester, les résultats expérimentaux sont en accord avec les résultats de simulations. Même si les valeurs numériques ne sont pas identiques à celle trouvées en simulation, les variations relatives en fonction du paramètre de hauteur de grille concordent. Des difficultés technologiques ne nous ont pas permis pour l'instant de vérifier les résultats de simulation pour de faibles gaps (de l'ordre de 300 nm) ou pour des gaps supérieurs au microns.

III.8. Effet des autres paramètres technologiques sur la sensibilité du SGFET au pH

Un autre paramètre technologique concerne spécifiquement la partie canal du transistor, qui n'est pas identique dans le cas d'un procédé basse température ou haute température.

Dans le premier cas, la zone électriquement active du transistor, à savoir la zone dans lequel le canal se forme, est réalisée à partir d'un dépôt de silicium polycristallin non dopé. Les contacts source et drain sont en silicium polycristallin très dopé.

L'isolant de grille est un oxyde déposé, réalisé à basse température dans le premier cas.

Ces modifications technologiques entrainent des modifications électriques. En particulier, comme le montre la figure suivante, pour des paramètres technologiques, telle que la hauteur de la grille suspendue, identiques, la tension de seuil des transistors en technologie basse température sera supérieure à celle obtenue avec la technologie standard (plus de pièges dans le silicium polycristallin). De plus, la mobilité d'effet de champ dans des transistors en silicium polycristallin est plus faible que celle obtenue dans un canal monocristallin. On observe de ce fait un décalage entre les courbes de transfert représentatives des deux technologies, ainsi qu'une variation de la pente liée à une variation de la mobilité des porteurs dans le canal.

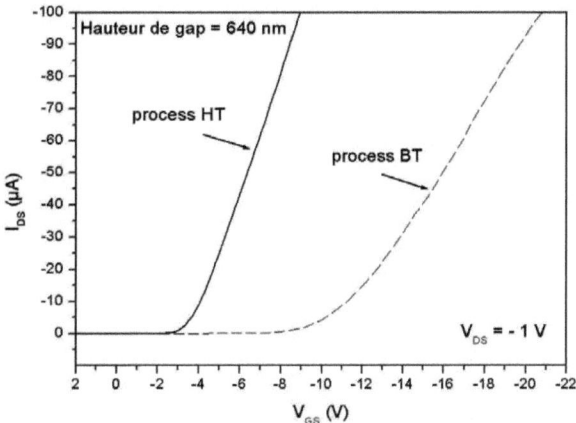

Figure 74. Caractéristiques électriques des transistors en technologie basse et haute température.

Toutefois, comme cela avait précédemment été testé par Farida Bendriaa [70], ces modifications technologiques ne modifient pas la sensibilité au pH des capteurs.

La seule variation notable est que la tension de polarisation, nécessaire pour obtenir un courant suffisant et se placer dans de bonnes conditions de mesure de pH est supérieure pour la technologie basse température. Par contre, cette technologie présente l'avantage de pouvoir être réalisée sur des substrats de natures diverses, telles que le verre par exemple, et donc permettre ainsi de développer de nouveaux systèmes plus complexes (liés par exemple à des aspects optiques, à des observations sous microscope, etc.).

IV. Stabilité de la mesure en statique

Une autre caractéristique d'un capteur est sa stabilité, qui qualifie la capacité de ce capteur à conserver ses performances pendant une longue durée.

Jusqu'ici, les différentes caractérisations ont été faites avec le protocole d'une seule mesure à la fois et cela a donné de bons résultats. Par contre, si nous faisons plusieurs mesures à suivre en continu pour une solution à pH défini, la courbe des caractéristiques a tendance à se décaler au fur et à mesure. Pour cela, plusieurs expériences ont été faites avec différents pH et différentes géométries et avec rinçage entre chaque expérience. Ces expériences consistent à tracer plusieurs fois la courbe en statique pour un pH donné. Un exemple typique de ces expériences est montré figure 75.

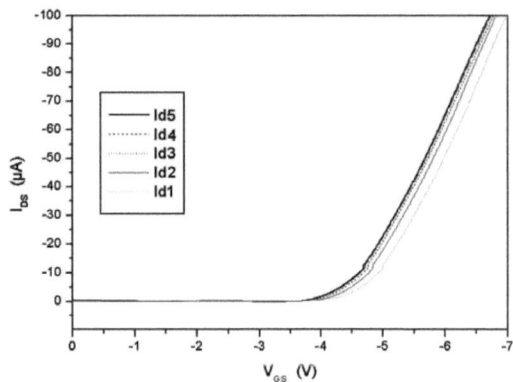

Figure 75. Décalage des caractéristiques de transfert pour la même solution à pH 12.

Les premières mesures ont montré un décalage de la caractéristique du transistor plongé dans la même ambiance et cela en répétant l'expérience plusieurs fois. Ceci peut-être dû à une accumulation progressive des charges à la surface de la couche sensible. Lorsque le temps entre deux mesures est long, la caractéristique est stable. Par contre, des caractérisations successives ne permettent pas sans doute de désorber la surface de la couche sensible et produisent un décalage de la caractéristique de transfert.

Pour y remédier une solution a été proposée consistant à appliquer une tension positive au début de la mesure pendant un certain temps, c'est ce qu'on appelle le « Hold ». Le transistor étant caractérisé avec une tension de grille négative, le hold sera réglé avec une tension positive.

IV.1 Nécessité d'un « Hold »

L'idée d'un « hold » traduit comme l'indique son nom, un maintien, à une valeur positive, de la tension de polarisation V_{GS} au début de la mesure pendant quelques secondes, afin d'essayer d'enlever d'éventuelles charges restées à l'interface électrolyte / couche sensible.

Deux paramètres peuvent être réglés à savoir :
- La durée du « Hold »
- La tension V_{GS} de départ pour désorber la surface

Cette première expérience consiste à faire tracer plusieurs courbes de caractéristique du transistor dans la même solution de pH connu, sans rincer le transistor entre chaque prise de mesure. Le résultat est donné figure suivante.

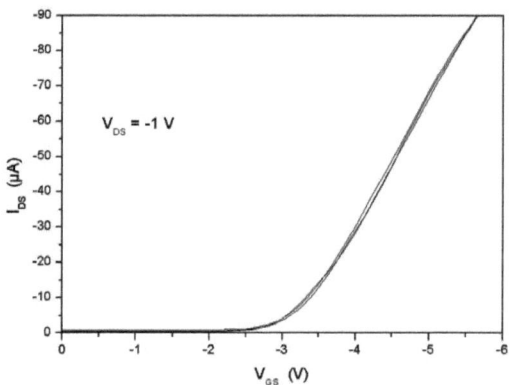

Figure 76. Exemple de stabilisation de la mesure pour un SGFET sans rinçage.

La superposition des courbes montre que l'effet du « Hold » est suffisant pour stabiliser la mesure.

IV.2 Le rinçage et la stabilité de la mesure en statique

Le but de cette expérience est d'insérer un rinçage entre les prises de courbes tout en maintenant le même protocole que celui d'avant pour voir son effet sur la stabilité de la mesure. Après plusieurs tests avec des différentes valeurs de la tension à maintenir au début de l'expérience et la durée de ce maintien, les courbes ont tendance à se stabiliser beaucoup plus en utilisant un « Hold » au début de la mesure.

Les figures 77 et 78 présentent deux exemples de ces tests pour deux valeurs de tension maintenue au début des mesures.

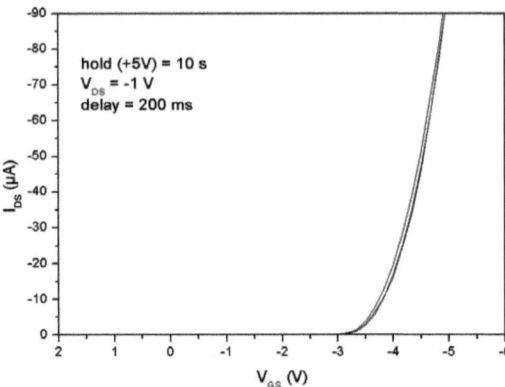

Figure 77. La stabilité de la mesure au pH 11 avec rinçage et une tension de + 5 V.

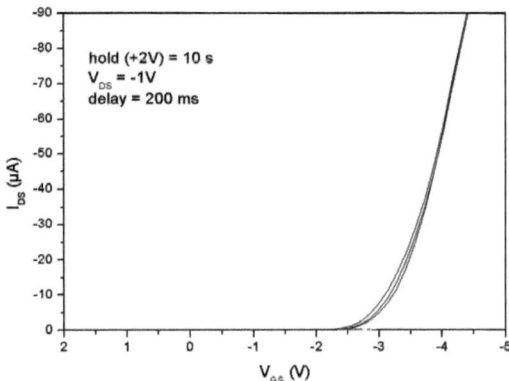

Figure 78. Exemple de la stabilité de la mesure au pH 11 et une tension de +2V.

L'effet de la durée du maintien et la valeur de la tension de polarisation au début de chaque mesure a été constaté sur l'ensemble des tests effectués. Selon ces résultats, une meilleure stabilisation est obtenue pour une valeur de tension supérieure ou égale à +4 V et pour une durée du maintien de 10 secondes ou plus.

Donc, pour la suite de nos mesures, les paramètres sont définis et fixés comme suit :

- La tension drain source est fixée à -1V.
- La tension de polarisation est maintenue pendant 10 s au début de la mesure avec une valeur de + 4 V.
- Le temps d'intégration pendant le tracé de la caractéristique est fixé à 200 ms.

Un exemple d'une mesure qui a été faite avec ces paramètres ainsi réglés, est présenté dans la figure suivante.

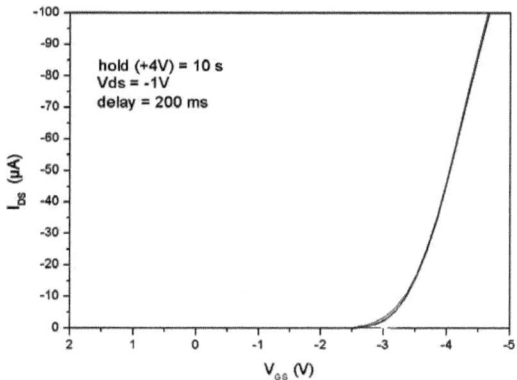

Figure 79. Exemple de stabilisation de la mesure avec les paramètres fixés.

Conclusion

Nous avons vu dans ce chapitre la possibilité de suivre l'évolution de la caractéristique des SGFETs avec la valeur du pH des solutions et confirmant ainsi l'utilisation de ces transistors comme capteurs de pH. De plus, les structures suspendues (la grille) ont montré un bon maintien mécanique et cela après plusieurs immersions dans les milieux aqueux.

Enfin, nous avons étudié la stabilité de la mesure pour une seule solution avec une valeur de pH fixe.

Nous avons étudié par la suite, la sensibilité des SGFETs au pH qui s'est montrée plus grande que celle des ISFETs, en particulier pour des pH basiques (ou acides). Les capteurs ont toutefois montré deux zones de linéarité, avec des sensibilités différentes. Ces résultats ont été comparés à des résultats obtenus par simulation.

Pour essayer d'améliorer la stabilité, une solution sera proposée et étudiée dans le prochain chapitre. Elle consistera à optimiser le rinçage à l'eau DI qui se fera à l'aide des canaux microfluidiques après leur collage sur le SGFET. De plus, comme les solutions couleront en continu dans ces microcanaux, le risque d'une éventuelle évaporation de ces solutions sera complètement éliminé, ce qui garantira une meilleure stabilité.

CHAPITRE IV :
Caractérisations des SGFETs intégrés avec les canaux microfluidiques

Ce chapitre est consacré à la caractérisation électrique des transistors à grille suspendue après le collage du système microfluidique. Dans un premier temps, nous présentons le schéma du montage principal pour les différentes expériences, puis une vérification du bon fonctionnement des transistors, en traçant les courbes de transfert dans l'eau comparée à celles dans l'air. Une étude du protocole du rinçage à l'eau DI est ensuite décrite afin de garantir des bons résultats après chaque mesure faite sur le transistor. Par la suite, l'étude de l'évolution du courant de drain en fonction du temps est traitée. Cette évolution est relevée pour des transistors dans des liquides de différents pH. L'effet du débit d'écoulement sur la réponse des transistors en statique comme en dynamique (en fonction du temps) est aussi traitée dans ce chapitre.

Chapitre IV. *Caractérisations des SGFETs intégrés avec les canaux microfluidiques*

I. Schéma du montage

Après l'intégration des canaux microfluidiques sur les transistors SGFETs, des tests en statiques dans l'air puis dans l'eau ont été faits. Les caractéristiques de transfert dans ces deux milieux ont été tracées sur le même graphe pour chaque transistor afin de vérifier leur bon fonctionnement après l'association des transistors avec le circuit microfluidique. Les figures 80 et 81 présentent respectivement le schéma et une photo du montage utilisé lors des ces expériences.

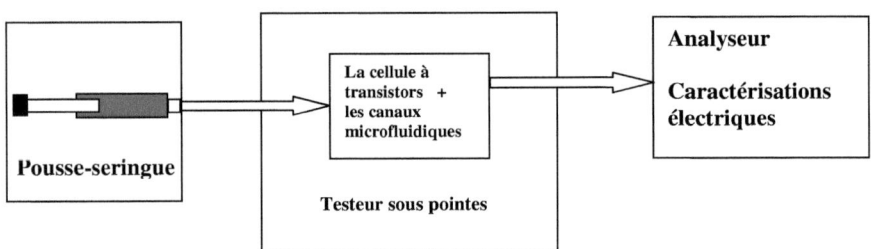

Figure 80. Schéma du montage pour les différentes caractérisations électriques

Figure 81a. Montage microfluidique pour les différentes caractérisations électriques.

Chapitre IV.   Caractérisations des SGFETs intégrés avec les canaux microfluidiques

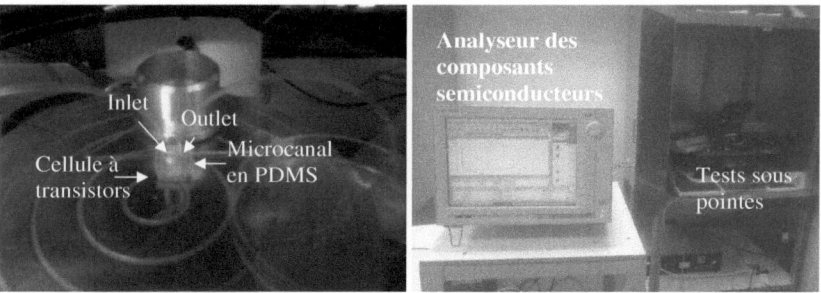

Figure 81b. Montage microfluidique pour les différentes caractérisations électriques.

Un exemple des courbes de caractéristiques de transfert dans l'air et dans l'eau pour un transistor intégré avec les canaux microfluidiques est présenté dans la figure suivante.

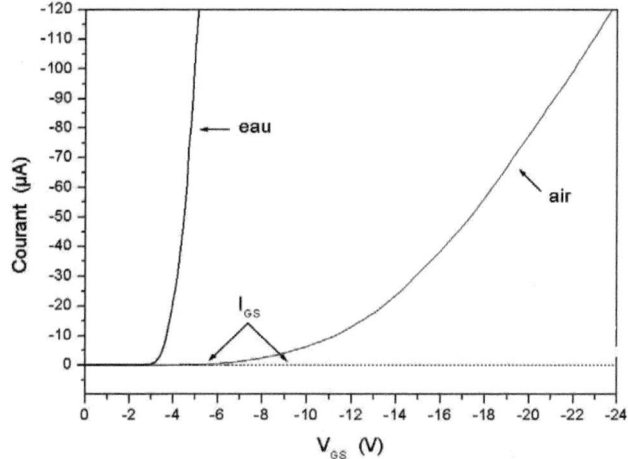

Figure 82. Caractéristiques de transfert dans l'air et l'eau pour un SGFET avec un canal microfluidique.

La figure montre bien le bon fonctionnement des transistors après l'intégration de ces canaux microfluidiques. Le redressement de la pente dans l'eau par rapport à celle dans l'air est aussi flagrant que pour les transistors sans les microcanaux, cela veut dire que la variation du courant I_{DS} est plus importante dans l'eau que dans l'air (rapport de 6 entre les deux pentes). Suite à ces résultats il sera possible de continuer la caractérisation de ces structures et voir l'évolution de leurs caractéristiques électriques dans les milieux aqueux avec la valeur du pH de ces solutions. Mais d'abord, la stabilité et l'étape du rinçage, ainsi que l'effet du débit de l'écoulement seront étudiés dans la section suivante.

II. Effets du débit d'écoulement

L'objectif est de voir l'effet qui pourra avoir le débit d'écoulement des solutions sur les caractéristiques du transistor. Donc l'expérience consiste à faire varier le débit en écoulement et prendre les caractéristiques électriques pour chaque débit et les tracer sur le même graphe.

Un rinçage à l'eau DI d'une durée de 10 minutes avec un débit de 20 µL/min au début de l'expérience a été fait. Ces mesures ont été faites avec une solution au pH 12 à base de NaOH, les courbes ont été prises en écoulement continu de la solution dans les canaux microfluidiques, avec une attente de 3 minutes entre elles lors du changement de débit.

La figure 83 présente un exemple des caractéristiques de transfert pour un transistor de droite pendant l'injection d'une solution au pH 12 en écoulement continu avec différents débits.

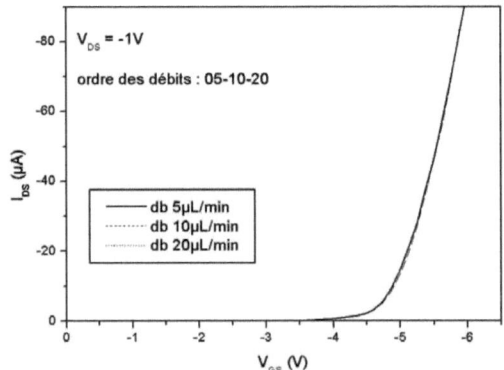

Figure 83. Évolution des caractéristiques avec différents débits d'écoulement à pH 12 pour le transistor de droite (W/L = 110/12).

D'après ces résultats, le changement du débit entre 5 et 20 µL/min, n'a pas affecté la stabilité de la réponse du transistor en statique. L'ordre des différents débits a également été testé mais est sans influence. Donc, l'utilisation d'un débit d'écoulement entre 0 et 20 µl/min n'influe pas sur la distribution des charges dans le gap et par conséquent il n'aura aucune influence sur la réponse de nos dispositifs. Nous utiliserons dans la suite un débit de 20 µl/min.

III. Suivi du rinçage à l'eau DI et étude de stabilité des SGFETs

III.1 Rinçage en utilisant une seule solution pH et stabilité de la mesure en statique

Il s'agit de s'assurer dans cette partie, du comportement correct des transistors après leur intégration dans les microcanaux et d'établir un protocole de rinçage. Nous faisons donc passer (avec un débit de 20 µl/min) une solution au pH bien défini (à base de KOH ou NaOH), dans le microcanal en PDMS intégré sur une cellule à trois transistors SGFETs. Entre chaque mesure, nous effectuons un rinçage long (15 minutes) en faisant s'écouler dans le canal de l'eau désionisée. Ce protocole est reproduit au moins à deux reprises (figure 84). Les caractéristiques de transfert sont relevées en statique (débit coupé) et prises après chaque rinçage. Ensuite, elles sont tracées sur le même graphe pour étudier la stabilité de la réponse du transistor et l'efficacité du rinçage.

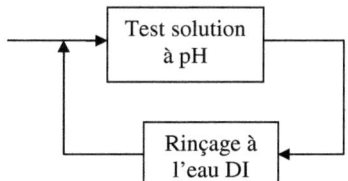

Figure 84. Schéma du protocole du rinçage avec une seule solution pH.

Les figures 85 et 86 présentent deux exemples pour deux transistors de géométrie différente en suivant le protocole décrit ci-dessus.

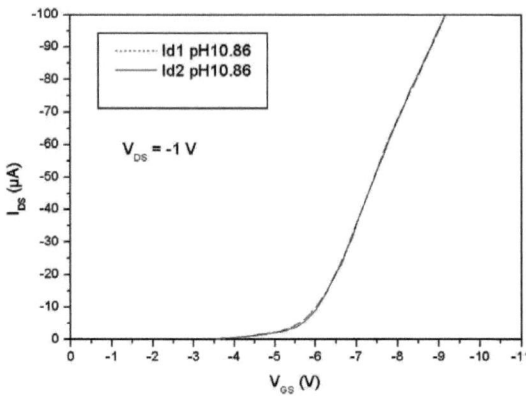

Figure 85. Caractéristiques de transfert au pH10.86 avec rinçage à l'eau DI pour un transistor G (W/L = 36/15).

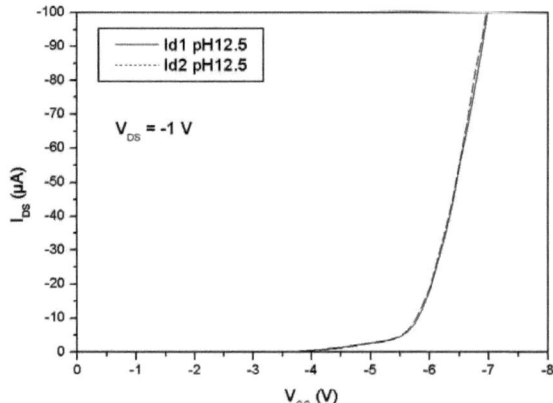

Figure 86. Caractéristiques de transfert au pH12.5 avec rinçage à l'eau DI pour un transistor D (W/L = 110/12).

Les deux figures montrent que les trois courbes se fusionnent pour chaque transistor pour la même valeur du pH. Ces résultats confirment la stabilité de la mesure après intégration dans le système microfluidique dans les milieux aqueux, ainsi que la reproductibilité de la mesure.

Cette première étude montre également la qualité du rinçage à l'eau DI.

Ce rinçage, dont la durée n'est pas optimisée, doit permettre à la fois d'éliminer les charges au niveau de la structure du transistor, mais également dans l'ensemble du microcanal. Ceci ne peut être vérifié que par le test avec des solutions de pH différents.

III.2 Rinçage avec deux solutions pH et stabilité de la mesure en statique

Il s'agit cette fois-ci d'utiliser deux solutions ayant chacune une valeur de pH. Cette partie a pour but d'une part, d'évaluer la sensibilité de nos transistors SGFETs et d'autre part, d'optimiser le temps de la phase du rinçage.

Le protocole est le suivant :
- Rinçage à l'eau DI.
- Passage d'une solution pH.

Cette procédure (figure 87) est répétée encore trois fois, ce qui permet d'obtenir et de comparer à la fin quatre courbes de caractéristiques de transfert du transistor SGFET pour chaque solution.

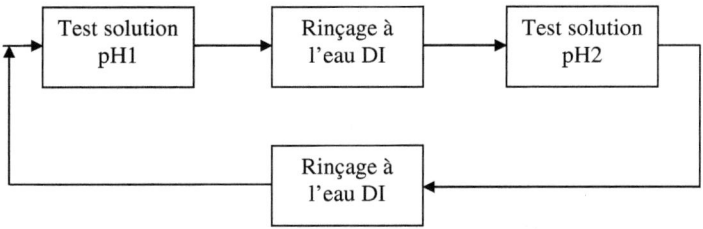

Figure 87. Schéma du protocole du rinçage avec deux solutions pH.

La durée du rinçage est fixée à 15 minutes et le débit à 20 µl/min, et toutes les courbes sont tracées sur le même graphe (figure 88), pour une tension V_{DS} de -1 V.
Ce premier test montre une bonne reproductibilité des mesures après un rinçage à l'eau désionisée d'une durée de 15 minutes.

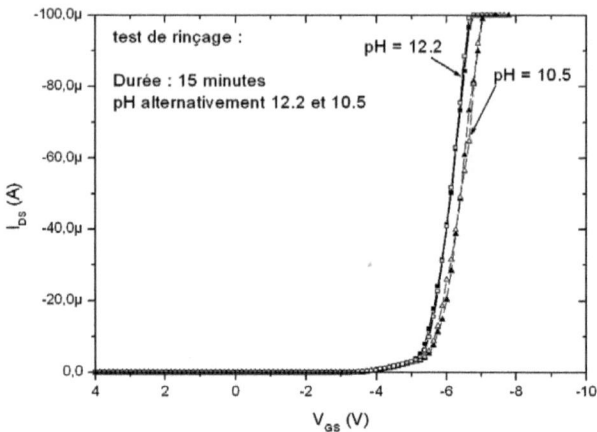

Figure 88. Tests de rinçage pour deux solutions de pH différents.

Nous allons maintenant étudier l'effet de la durée du rinçage à l'eau DI sur la réponse des transistors.

III.2.1 Effet du temps de rinçage

Nous faisons varier à présent la durée du rinçage entre 6 et 15 minutes en suivant le même protocole que celui décrit au début de cette partie. Les figures 89 et 90 présentent un réseau des caractéristiques de transfert pour deux valeurs du pH 10.5 et 12.2 avec un rinçage d'une durée de 6 minutes (fig. 89) et de 10 minutes (fig. 90) respectivement.

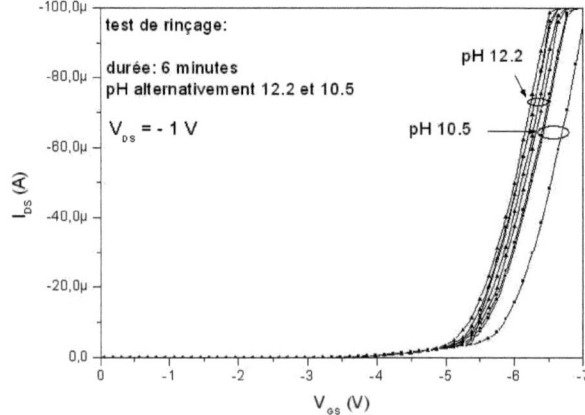

Figure 89. Suivi du rinçage deux solutions au pH avec 6 minutes de rinçage pour un transistor de droite.

Les caractéristiques obtenues ne sont pas stables, en particulier pour le pH le plus proche de 7. Ceci montre que les charges, apportées par la solution de pH 12, donc avec des concentrations plus importantes, ne sont pas totalement éliminées, soit dans la zone active du capteur lui-même, soit le long du microcanal, qui a, pour des raisons pratiques de manipulation, une longueur non négligeable. La durée de rinçage a donc due être augmentée. Un essai avec un rinçage de 10 minutes est présenté ci-après.

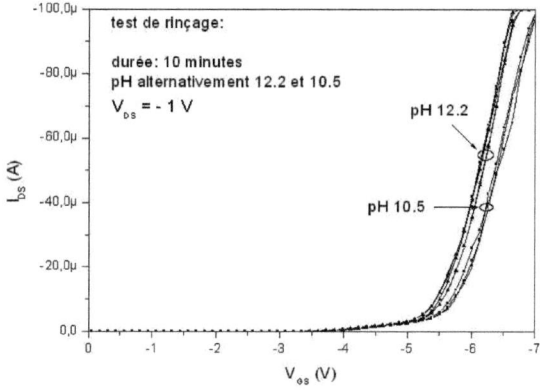

Figure 90. Suivi du rinçage deux solutions au pH avec 10 minutes de rinçage pour un transistor de droite.

Le résultat obtenu avec cette durée de rinçage est correct. Augmenter la durée du rinçage de 10 à 15 minutes n'a pas un grand effet sur la stabilité de la réponse de nos transistors. Par contre en dessous de 10 minutes leur réponse est moins stable (figure 89), car le transistor n'a pas été suffisamment rincé. Par conséquent la durée du rinçage sera fixée dans la suite à 10 minutes. Ce temps peut sembler relativement long, mais il est essentiellement dû au design des microcanaux. En effet, la longueur de ceux-ci a été choisie de manière à faciliter la réalisation des entrées et sorties (inlets – outlets) du circuit microfluidique. Leur longueur est donc nettement supérieure à celle de la zone active de mesure. Un design plus adapté et miniaturisé pourrait permettre d'améliorer grandement ce temps de rinçage minimum.

III.2.2 Effet de la polarisation

L'idée appliquée ici est de polariser la grille du transistor avec une tension positive lors du rinçage. Cette polarisation peut aider à désorber la surface et ainsi permettre une diminution du temps de rinçage. Plusieurs essais ont été réalisés. Lorsque la durée de polarisation est égale à la durée de rinçage, le fonctionnement du capteur est perturbé et les caractéristiques à pH constant ne sont pas reproductibles.

Pour les figures 91 et 92, la polarisation de grille n'a été appliquée que sur une partie de la durée totale du rinçage. En particulier, pour un rinçage d'une durée totale de 6 minutes, une polarisation de la grille de +4 V pendant les 4 premières minutes du rinçage a été maintenue.

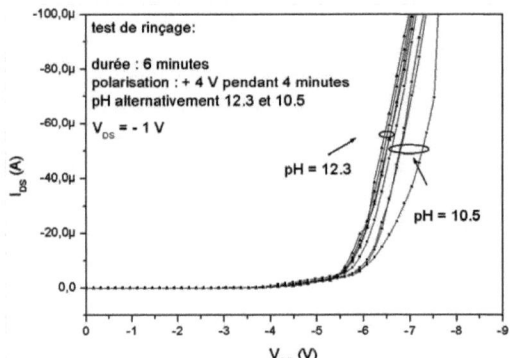

Figure 91. Suivi du rinçage deux solutions au pH avec polarisation.

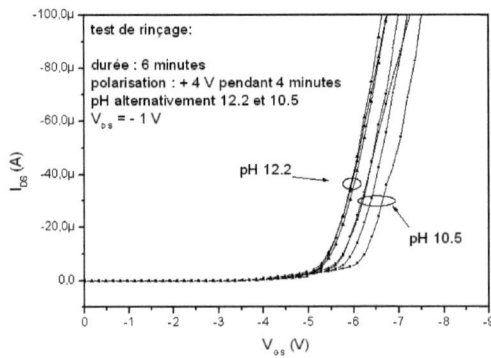

Figure 92. Suivi du rinçage deux solutions au pH avec polarisation (bis).

Ces figures montrent que la polarisation amène plutôt des perturbations dans les mesures et n'a pas un grand effet sur la qualité et l'efficacité du rinçage du dispositif. Ceci peut provenir du fait que le rinçage doit être efficace à la fois au niveau du transistor, mais également tout le long du canal microfluidique. La polarisation du transistor n'a d'effet qu'au niveau du capteur lui-même et ne permet pas d'optimiser globalement le rinçage du système.

III.2.3 Rinçage avec plusieurs débits

Il est sans doute possible de diminuer, ou d'optimiser la durée du rinçage en changeant le débit ainsi qu'éventuellement les paramètres géométriques de la chambre microfluidique. Ceci sera prochainement testés et fait partie des perspectives pour la suite du travail.

IV. Evolution des caractéristiques avec le pH

Nous avons fait passer plusieurs solutions de différents pH dans les canaux microfluidiques avec un rinçage à l'eau DI après chaque mesure afin de voir l'évolution des caractéristiques des transistors à grille suspendue avec la valeur du pH. Les figures 93 et 94 présentent respectivement l'évolution des caractéristiques de transfert avec le pH et la sensibilité au pH pour un transistor avec les microcanaux en PDMS. Trois solutions dont deux avec un pH basique (à base de NaOH) et la troisième acide (à base d'acide borique).

Chapitre IV.   Caractérisations des SGFETs intégrés avec les canaux microfluidiques

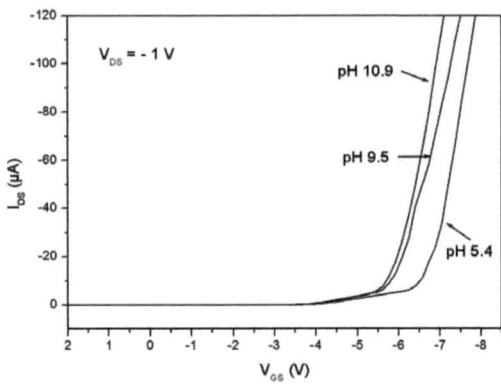

Figure 93. Evolution des caractéristiques de transfert avec le pH des solutions pour un SGFET(D) avec les microcanaux en PDMS.

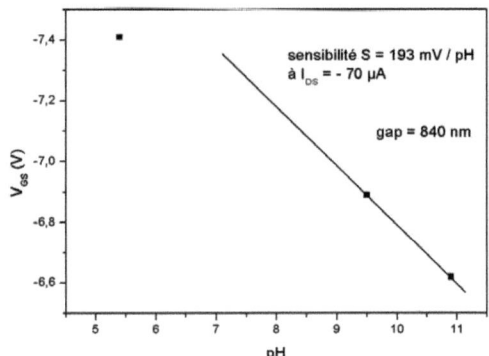

Figure 94. Détermination de la sensibilité d'un transistor avec les microcanaux en PDMS.

Même après le procédé du collage des microcanaux en PDMS que subissent les transistors SGFETs, ce qui peut dégrader leurs performances notamment leur sensibilité, celle-là reste toute de même très grande (valeur de 190 mV/pH) comparée à celle des ISFETs (59 mV/pH).

V. Evolution de la valeur du courant du drain en fonction du temps (sampling)

V.1 Description des expériences

Le test consiste à faire couler en continu un liquide dans un canal en PDMS (débit de 20 µl/min). Le transistor est polarisé dans la zone linéaire et en mode de conduction ($V_{GS} > V_T$, $V_{DS} = -1$ V). La variation du courant I_{DS} est mesurée en fonction du temps (mode Sampling), en utilisant un analyseur des caractéristiques et un testeur sous pointes (prise des contacts depuis les pistes d'Aluminium jusqu'aux sondes de l'analyseur), cette méthode est décrite dans le schéma de la figure 95.

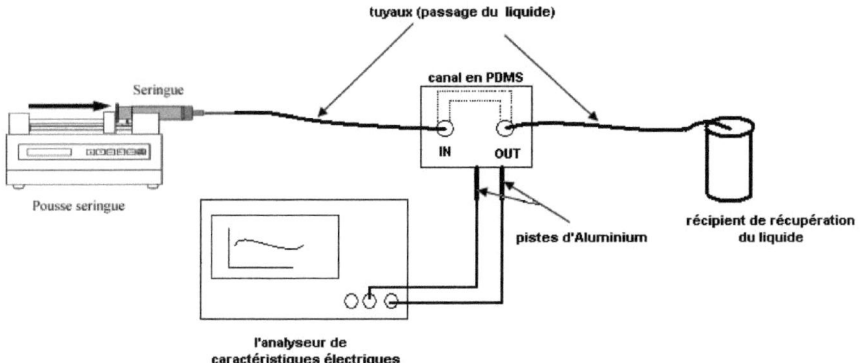

Figure 95. Schéma descriptif du banc de mesure pour les tests en écoulement

Le but dans un premier temps est de suivre les variations du courant en fonction du temps et pour différents milieux circulant dans le canal PDMS.

V.2 Evolution du courant de drain dans les milieux aqueux

La figure suivante montre l'évolution du courant de drain en fonction du temps pour un transistor avec un canal en PDMS rempli d'eau DI avec un débit de 20 µl/min. Le point de polarisation a été choisi en se basant sur la réponse du transistor en statique dans l'eau de telle sorte que le courant I_{DS} soit dans la zone linéaire de cette caractéristique de transfert.

Selon cette courbe, la valeur du courant du drain a tendance de se stabiliser après un certain temps de l'ordre de quelques minutes (environ 120 secondes).

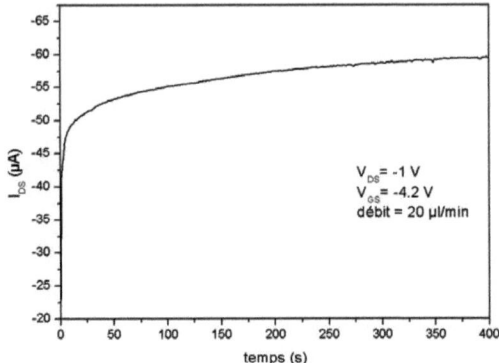

Figure 96. Evolution du courant de drain dans l'eau en fonction du temps pour un SGFET

Si la mesure est arrêtée puis reproduite après un temps assez court, le niveau initial du courant est plus élevé lors de la deuxième mesure. Ce phénomène est dû soit à la dérive du composant, soit à l'accumulation des charges.

Les figures suivantes présentent les résultats des tests faits sur un transistor de géométrie droite (W/L = 110/12) (figure 97) et sur un transistor du milieu (W/L = 60/23) (figure 98), plongés dans deux solutions à pH différents.

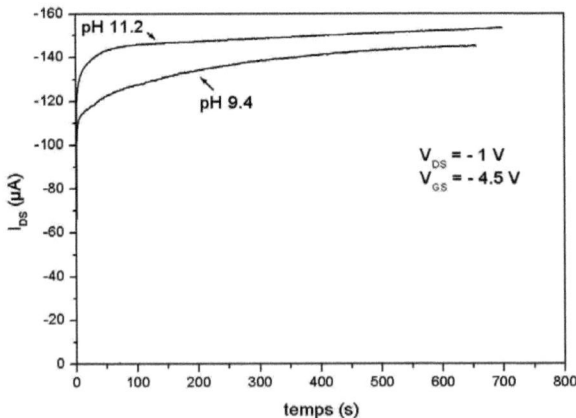

Figure 97. Evolution du courant de drain en fonction du temps pour 2 valeurs de pH pour un transistor avec W/L = 110/12.

Chapitre IV.   Caractérisations des SGFETs intégrés avec les canaux microfluidiques

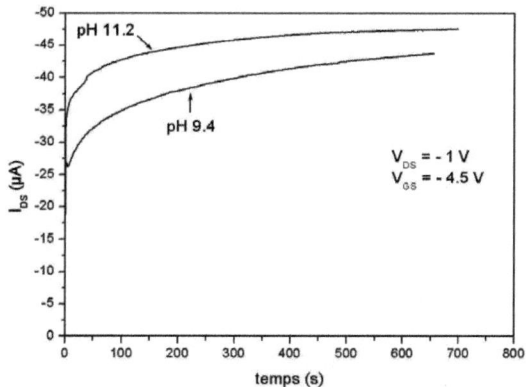

Figure 98. Evolution du courant de drain en fonction du temps pour 2 valeurs de pH pour un transistor avec W/L = 60/23.

L'évolution du courant présente le même comportement, avec un niveau du courant de drain qui varie rapidement en début de test, puis se stabilise. On observe une différence normale des niveaux de courants entre les deux milieux de pH différents. Comme il a été montré dans le chapitre précédent, pour une polarisation figée, le courant de drain est supérieur pour la solution de plus haut pH. L'écart de courant entre ces deux solutions est cohérent avec la variation de pH et la géométrie des capteurs testés. Au bout de plusieurs minutes, le courant continue à évoluer, mais suivant une pente qui semble constante. Cet effet peut avoir plusieurs origines dues au composant lui même et de sa géométrie ou à la solution. Il ne semble pas dépendre vraiment du pH de la solution. Cette dérive pourra être corrigée électroniquement et constitue un phénomène relativement courant en électronique.

Chapitre IV.   Caractérisations des SGFETs intégrés avec les canaux microfluidiques

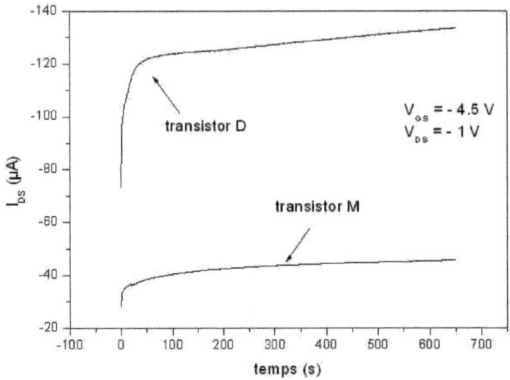

Figure 99. Evolution du courant de drain avec une solution à pH11.4 pour 2 géométries de transistors.

Le niveau du courant du drain dans le transistor de droite est plus élevé que celui du milieu de part sa géométrie. Ce transistor possède une longueur de canal plus faible, ce qui pourrait nuire à sa stabilité en régime permanent (figure 99).

V.3 Détection air / liquide

Le but de cette expérience est de détecter l'ambiance dans laquelle le SGFET est plongé (liquide ou air), et cela par la mesure du changement du niveau du courant de drain sur la courbe de la variation du courant I_{DS} au cours du temps.

Tout d'abord, la solution à pH 11 est injectée dans le canal microfluidique en PDMS collé sur le transistor à l'aide du pousse-seringue. Puis, la variation de son courant de drain est suivie en temps réel grâce à l'analyseur. Ensuite, l'air arrive dans le canal et circule pendant un certain temps avant la réinjection de la solution à pH 11. L'évolution du courant en temps réel est présentée dans la figure suivante.

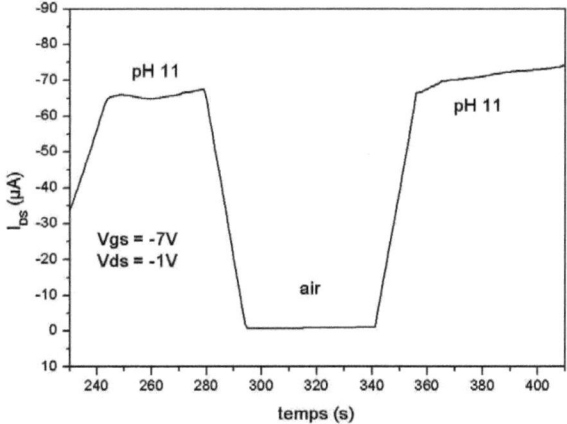

Figure 100. Variation du courant de drain en fonction du temps dans l'air et dans la solution de pH 11.

Au début, le courant augmente rapidement puis se stabilise autour d'une valeur. Ce comportement est constaté pour les SGFETs quelle que soit l'ambiance à laquelle ils sont exposés. Dans ce cas de figure, le courant I_{DS} reste stable jusqu'à l'arrivée de l'air ou le niveau du courant diminue en valeur absolue vers une nouvelle valeur, proche de zéro compte tenu des grandes différences de conductivité des structures dans ces deux milieux. Ce courant reste stable jusqu'à l'arrivée de nouveau de la solution à pH 11 où il remonte presque au même niveau initial.

V.4 Détection pH1 / pH2

Une autre expérience a été faite mais en utilisant cette fois-ci deux solutions de pH différents. Deux pousse-seringues et un commutateur microfluidique assurent le passage successif de ces deux solutions. La figure 101 présente un résultat de ce test.

Chapitre IV.   Caractérisations des SGFETs intégrés avec les canaux microfluidiques

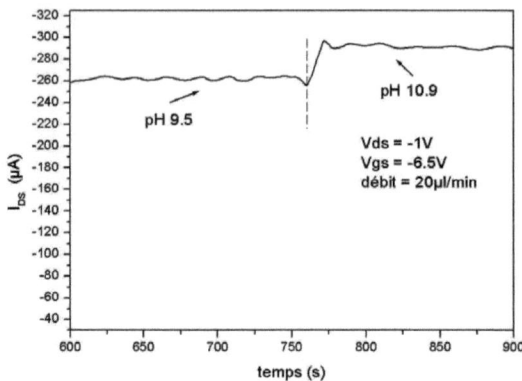

Figure 101. Détection de transition entre deux solutions de pH différents.

A l'arrivée de la deuxième solution à pH 10.9, le niveau du courant de drain augmente et il se stabilise sur cette nouvelle valeur. Cela confirme encore une fois la détection du changement de la valeur du pH de la solution où le transistor est plongé. Dans la figure 102 la même expérience est reproduite, mais en utilisant des solutions tamponnées à la place de celles préparées avec les NaOH et KOH.

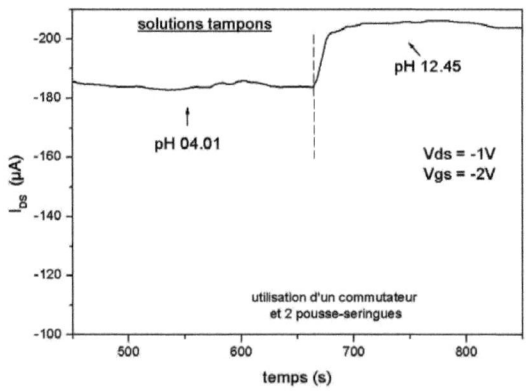

Figure 102. Exemple de détection de transition entre deux solutions tampons.

V.5 Effet du changement du débit (mesure en dynamique)

Après avoir choisi un point de polarisation dans la zone linéaire du transistor, le débit sera changé après 100 ou 150 secondes comme suit : 20 µl/min, 10 µl/min, 05 µl/min, 20 µl/min, 10 µl/min, et enfin 05 µl/min. la figure 103 présente le résultat de cette expérience.

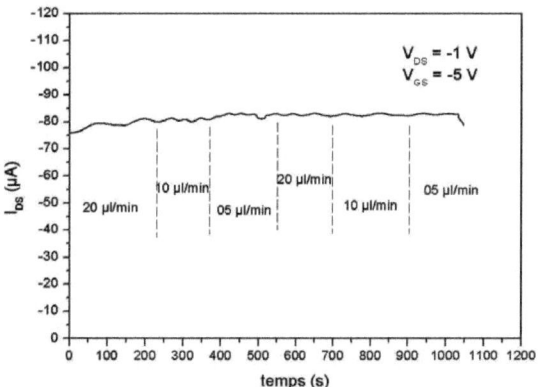

Figure 103. Effet du changement de débit en continu sur le courant du drain.

Cette figure montre l'évolution du courant du drain I_{DS} au cours du temps pour un transistor immergé dans une solution à pH 11. D'après cette courbe, le comportement du courant du drain est identique pour les différents débits utilisés lors de cette expérience et il n'a pas été affecté par le changement du débit. Cela confirme les résultats obtenus dans la section (III).

La figure suivante est un zoom fait sur le résultat de la figure précédente.

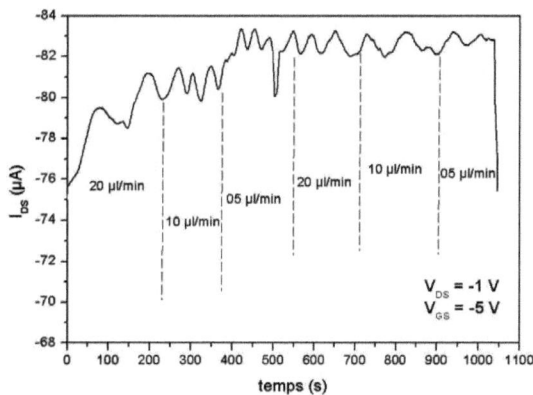

Figure 104. Zoom sur la petite variation du courant de drain pour la mesure en continu précédente

Une petite variation du courant de drain est constatée en faisant le zoom. Cette oscillation est due au système microfluidique mis en place pour injecter la solution dans les canaux microfluidiques intégrés sur les SGFETs. En effet, le piston de la seringue qui est en plastique ripe sur les parois de cette seringue ce qui envoie un flux variable sur le transistor à grille suspendue faisant ainsi varier son courant du drain.

Cet effet plus ou moins important suivant les expériences a posé quelques problèmes lors de la caractérisation en dynamique de nos systèmes.

Conclusion

Après l'intégration des canaux microfluidiques sur les SGFETs, leur comportement vis-à-vis les différentes solutions à pH est similaire à celui des SGFETs seuls, avec une sensibilité aussi grande par rapport aux ISFETs. La stabilité de la mesure avec l'insertion d'une étape de rinçage a été étudiée, en testant son effet sur une seule solution à pH fixé, puis pour deux solutions de pH différents. L'efficacité du rinçage a été optimisée en choisissant la durée et le débit d'écoulement de la solution du rinçage (l'eau DI). L'optimisation du rinçage pourrait être largement améliorée en modifiant le design des canaux microfluidiques et en trouvant en particulier une solution pour diminuer leur longueur.

CHAPITRE V :
Caractérisations des capteurs SGFETs en fréquence

L'utilisation des SGFETs réalisés jusqu'à présent à l'IETR se limitait à leur caractérisation en mode statique, par l'extraction des paramètres électriques à partir des caractéristiques de transfert et de sortie, comme la tension de seuil V_T, la transconductance g_m, la pente sous le seuil S, la mobilité μ_{FE}, ou par l'étude de la variation du courant à polarisation fixe en fonction du temps. Or, ces dispositifs, qui fonctionnent comme des transistors MOSFET classiques, peuvent très facilement être utilisés en régime variable, avec en particulier une polarisation de grille variable. Cette méthode, appliquée dans le cadre de la détection pH, peut amener de nouvelles perspectives en termes de développements de capteurs de pH.

Une bonne compréhension du comportement des SGFETs en régime petits signaux est nécessaire pour une utilisation dans des circuits fonctionnant en fréquence. Pour cela, une étude de leur réponse fréquentielle a été réalisée sur des transistors seuls dans un premier temps, ensuite, sur des transistors avec les microcanaux en PDMS.

La première partie de ce chapitre est dédiée à la méthode de caractérisation en fréquence des SGFETs, comprenant une caractérisation statique pour définir les paramètres de polarisation du composant, et le modèle du circuit en régime petits signaux avec l'extraction des paramètres électriques permettant le calcul du gain statique et de la fréquence de coupure.

La deuxième partie présente les résultats expérimentaux obtenus à partir de ces caractérisations en fréquence.

I. Caractérisation des transistors et étude de leur réponse en fréquence

Un banc de test a été utilisé spécialement pour caractériser ces transistors en fréquence. Ce banc a été mis en place par E. Jacques [153] pendant sa thèse à l'IETR. Il comprend un circuit de polarisation fixant les valeurs de V_{GS} et V_{DS}, une alimentation pour les tensions en statique du circuit de polarisation, un oscilloscope pour visualiser les signaux alternatifs d'entrée et de sortie (Ve et Vs), ainsi qu'un générateur basse fréquence pour la tension d'entrée Ve, et enfin le bâti sous pointes où est placé le transistor à caractériser.

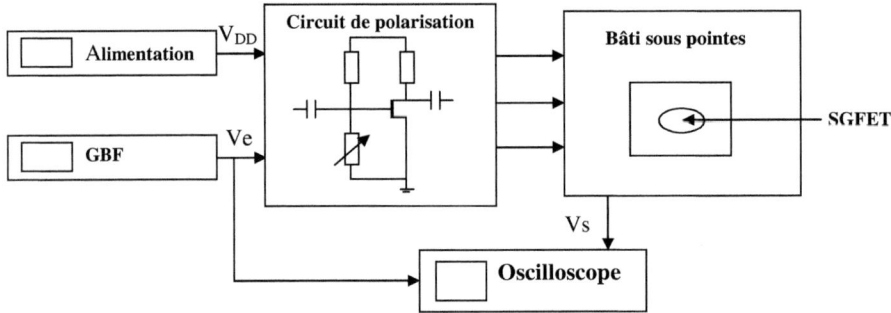

Figure 105. Banc de test pour la caractérisation en fréquence des SGFETs.

I.1 Description de l'expérience

Tout d'abord, il faut tracer les caractéristiques en statique du transistor (transfert et sortie), afin de fixer un point de polarisation pour son fonctionnement en fréquence. Pour cela, il faut choisir un point qui permettra la plus grande excursion pour le signal alternatif en sortie du transistor.

I.2 Circuit de polarisation du transistor

Pour polariser le transistor, un circuit a été conçu, avec un pont diviseur pour la tension de grille V_{GS}, qui est constitué de trois résistances dont une variable afin de bien régler la tension V_{GS}. La résistance de drain R_D est aussi variable pour pouvoir fixer la valeur de la tension de drain V_{DS}. Le schéma suivant, figure 106, illustre ce circuit.

Dans ce circuit, le transistor est associé à un circuit amplificateur classique simple en électronique ayant une polarisation constante. Les valeurs fixes pour les différents éléments de ce circuit sont rapportées sur le schéma ci-dessous.

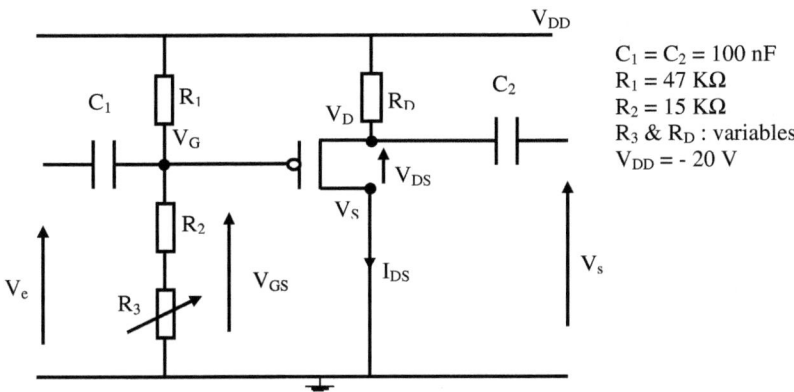

Figure 106. Schéma du circuit de polarisation du SGFET.

I.2.1 Caractéristiques du transistor en statique

A partir du circuit de polarisation, nous pouvons écrire les équations d'entrée et de sortie du transistor qui permettront de tracer les droites de charge et d'entrée sur les caractéristiques.

II.2.2 Polarisation de la grille

L'équation d'entrée est décrite comme suit :

$$V_{GS} = \frac{R_2 + R_3}{R_2 + R_3 + R_1} \times V_{DD} = V_{GS0} \quad (35)$$

$R_3 = 5.14$ K pour une valeur de $V_{GS0} = -6$ V par exemple.

La figure suivante présente une caractéristique de transfert avec la représentation du point de polarisation (I_{DS0} et V_{GS0}).

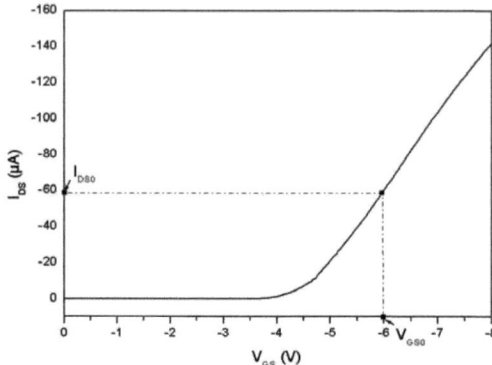

Figure 107. Extraction du point de polarisation de courbe de transfert du SGFET.

La tension de grille (V_{GS0}) est choisie de telle sorte que le transistor fonctionne en régime passant et par conséquent, elle est supérieure à la tension de seuil V_T.

I.2.3 Droite de charge (de sortie)

La tension de drain (V_{DS0}) dépend du courant de drain et elle est ajustée par la résistance R_D.

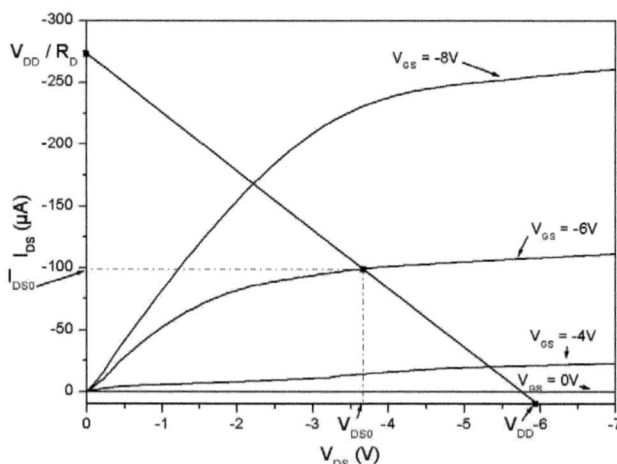

Figure 108. Extraction du point de polarisation à partir des caractéristiques de sortie du SGFET.

L'équation de sortie est décrite comme suit :

$$V_{DD} = V_{DS} + R_D \times I_{DS} \tag{36}$$

Pour $V_{DS} = 0$ V

$$I_{DS} = \frac{V_{DD}}{R_D} \qquad (37)$$

Pour $I_{DS} = 0$ µA => $V_{DS} = V_{DD}$

Ces deux points vont nous permettre de tracer cette droite sur les caractéristiques de sortie.

I.2.4 Polarisation du drain

De l'équation de la droite de charge on tire

$$I_{DS} = \frac{(V_{DD} - V_{DS0})}{R_D} \qquad (38)$$

I.3 Modèle petits signaux du montage (source commune)

Le régime dynamique peut être schématisé comme l'illustre la figure 109, où R_{DS} est la résistance dynamique drain-source souvent négligée de par sa grande valeur.

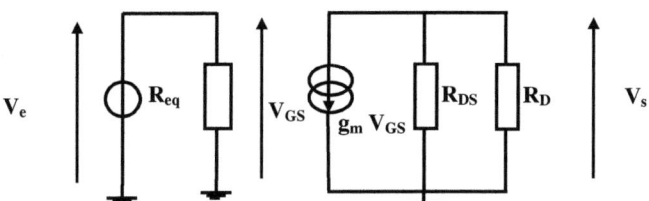

Figure 109. Schéma du circuit aux petits signaux du SGFET.

Avec $R_{eq} = [R_1 // (R_2 + R_3)] = \frac{R_1 \times (R_2 + R_3)}{R_1 + R_2 + R_3}$.

Ce schéma équivalent ne tient pas compte des capacités parasites entre la grille et la source C_{GS} et entre la grille et le drain C_{GD}. Les capacités, entre la source et le substrat et entre le drain et le substrat, ont également été négligées.

La transconductance est donnée par les formules suivantes :

Dans la zone résistive « ohmique » $\quad g_m = \frac{\partial I_D}{\partial V_{GS}} = \mu_n C_{ox} \frac{W}{L} V_{DS} \qquad (39)$

Chapitre V. *Caractérisations des capteurs SGFETs en fréquence*

Dans la zone saturée
$$g_m = \frac{\delta I_D}{\delta V_{GS}} = \mu_n C_{ox} \frac{W}{L}(V_{GS} - V_t) = \sqrt{\mu_n C_{ox} \frac{W}{L} I_D} \qquad (40)$$

Le gain en tension du montage est égal à :

$$A_V = \frac{V_s}{V_e} = -g_m \times (R_{DS} // R_D) = -g_m \times R_D, \text{ si } R_{DS} \gg R_D \qquad (41)$$

I.4 Réponse en fréquence (effet Miller)

Il n'est pas possible de négliger les capacités grille-drain et grille-source, et le schéma équivalent dans ce cas devient :

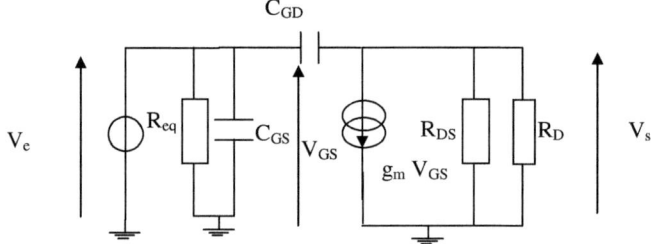

Figure 110. Schéma du circuit aux petits signaux du SGFET avec l'effet Miller.

La capacité C_{GD} pourra être ramenée à l'entrée en parallèle avec C_{GS} via une capacité appelée capacité Miller $C_{Mi} = (1-A_V) C_{GD} = (1+g_m R_D) C_{GD}$.

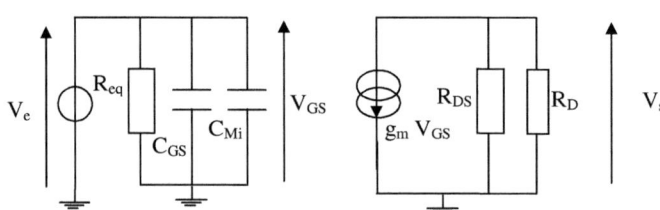

Figure 111. Circuit équivalent petits signaux du SGFET avec la capacité Miller.

A partir de ce schéma équivalent en petits signaux modifié, la relation permettant d'évaluer la fréquence de coupure est donnée par :

$$f_c = \frac{1}{2\pi R_{eq}[C_{GS} + (1+g_m R_D)C_{GD}]} \qquad (42)$$

Chapitre V. Caractérisations des capteurs SGFETs en fréquence

I.5 représentation fréquentielle du gain du transistor à effet de champ

Le diagramme de Bode est une représentation comportementale pour un système dans le domaine fréquentiel.

La figure 112 représente une réponse typique en fréquence d'un transistor à effet de champ FET classique monté en inverseur (source commune).

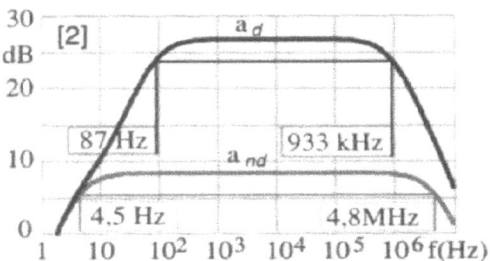

Figure 112. Réponse fréquentielle du montage inverseur pour un FET classique [153].

Cette figure montre une bande passante avec deux fréquences de coupure basse et haute de valeurs de 87 Hz et 933 kHz respectivement. La deuxième bande de fréquence [4.5 Hz, 4.8 MHz] représente la réponse du gain du FET quand la résistance de source R_S n'est pas découplée.

Une étude fréquentielle pour un transistor à effet de champ à couche mince à canal en silicium polycristallin poly-Si TFT a été faite par E. Jacques [153]. Cette étude comprend une caractérisation expérimentale en fréquence des transistors puis une simulation sous Pspice, comme le montre la figure suivante.

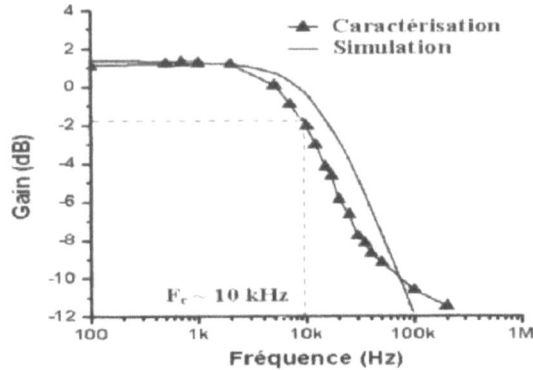

Figure 113. Comparaison entre caractérisation électrique et simulation d'un poly-Si TFT de dimension W/L = 40/20 [152]

Pour la simulation, le modèle « petits signaux » prend en considération la capacité parasite C_{DS} formée par les grains et les joints de grains dans le canal ainsi que les capacités de recouvrement C_{GS} et C_{GD}. La capacité C_{DS} a été ajustée afin de faire correspondre les courbes simulée et expérimentale.

Par ailleurs, la réponse présente une fréquence de coupure plus basse que celle des MOSFETs classiques, ce qui peut être dû à la qualité cristalline du matériau utilisé pour la fabrication du dispositif (le silicium polycristallin).

Nous allons maintenant étudier le comportement des SGFETs en régime de petits signaux.

I.6 Réponse du SGFET en fréquence

Dans un premier temps le point de polarisation est déterminé à partir des caractéristiques de transfert et de sortie. Ensuite, le gain en tension A_V sera calculé avec les valeurs de la transconductance g_m et de la résistance dynamique du drain R_{DS} extraites à partir de ces caractéristiques statiques pour le transistor.

I.6.1 Calcul de la transconductance g_m

La méthode repose sur l'extraction de la transconductance à partir de la courbe de transfert du transistor du courant I_{DS} en fonction de V_{GS}, en prenant la pente entre deux points aux alentours de la valeur de V_{GS} de polarisation V_{GS0} :

$$g_m = pente(\frac{\Delta I_{DS}}{\Delta V_{GS}}) \quad (43)$$

La pente est égale à la transconductance g_m comme le montre la figure suivante.

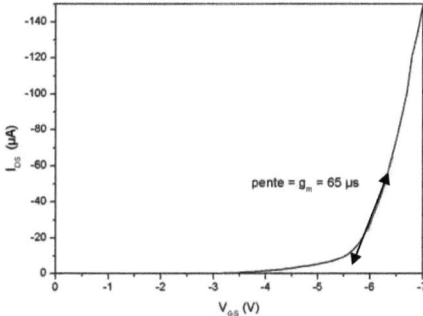

Figure 114. Extraction de la transconductance à partir des caractéristiques de transfert du SGFET.

I.6.2 Calcul de la résistance dynamique R_{DS}

La résistance dynamique du transistor est calculée à partir du réseau des caractéristiques de sortie pour une valeur de tension de grille V_{GS} constante et une valeur de tension de drain source V_{DS} grande, afin que le transistor soit dans la région de saturation (figure 115).

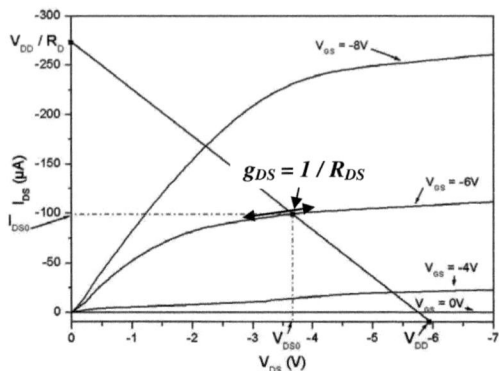

Figure 115. Extraction de la résistance dynamique à partir des caractéristiques de sortie du transistor.

A partir du graphe présenté sur la figure 115, la résistance R_{DS} peut être extraite comme suit :

$$\frac{1}{R_{DS}} = g_{DS} = pente(\frac{\Delta I_{DS}}{\Delta V_{DS}}) \text{ à } V_{GS} \text{ fixe.} \qquad (44)$$

En pratique, même avec des valeurs de V_{DS} très grandes (zone saturée), la résistance dynamique R_{DS} ne peut être négligée. Et par conséquent il faudra en tenir compte dans la formule du gain et son calcul théorique.

I.6.2 Calcul du gain en décibel

Pour obtenir un gain très élevé et spécialement une résistance R_{DS} de valeur très grande, le transistor doit être polarisé en régime de saturation (V_{DS} grande et $V_{GS}>V_{TH}$). Cependant, en pratique, même en polarisant le transistor dans cette zone, la valeur obtenue de la résistance R_{DS} pour les différentes ambiances ne peut plus être négligée.

Le gain théorique sera donc calculé avec les valeurs extraites de g_m et R_{DS} à partir de la formule suivante :

$$\text{gain}_c = 20 \log [g_m \times (R_D//R_{DS})] \qquad (45)$$

Où R_D est la résistance du drain.

Cette valeur de gain sera ensuite comparée avec celle du gain expérimental.

I.6.3 Etude en fréquence du SGFET

La valeur de R_D (boite à décades) a été réglée de telle sorte que V_{DS} soit égale à la valeur de V_{DS0}. Quant à la tension de grille V_{GS}, elle est ajustée à la valeur de polarisation V_{GS0} grâce à la résistance variable R_3.

La tension d'entrée Ve est de type sinusoïdal ayant une amplitude crête à crête de 2 V. La tension de sortie Vs et la tension d'entrée sont visualisées à l'aide d'un oscilloscope. La tension d'alimentation V_{DD} est assurée par un générateur de tension continue. Quant aux tensions de polarisation V_{DS} et V_{GS}, elles sont mesurées grâce à un multimètre électronique.

Le protocole expérimental consiste à faire varier la fréquence du signal d'entrée (200Hz < Fe < 300kHz) et à relever l'amplitude crête à crête du signal de sortie. Le gain en décibel est alors calculé puis tracé en fonction de la fréquence sur toute la plage de mesure.

Les manipulations ont été faites dans l'air puis dans l'eau, et enfin pour différentes valeurs de pH.

II. Résultats expérimentaux

II.1 Transistor SGFET seul sans les canaux microfluidiques

Une série de mesures en fréquence a été faite sur des transistors sans les microcanaux en PDMS dans les différentes ambiances : l'air, l'eau DI, et solutions à pH. À partir des caractéristiques statiques, un point de polarisation est choisi de manière à avoir le gain le plus grand possible (forte valeur de g_m).

Les gains en décibel obtenus expérimentalement en fonction de la fréquence pour un transistor de dimensions W/L = 60/23 plongé dans ces différents milieux, sont représentés sur les figures 116, 117 et 118. Le point de polarisation est fixé pour une valeur de R_D égale à 20 kΩ, avec V_{GS0} = -6 V, V_{DS0} est comprise entre -7.4 V et – 8 V dans ces différents milieux, et un courant de drain I_{DS0} = -600 µA. La tension d'alimentation V_{DD} est fixée à -20 V.

Chapitre V. *Caractérisations des capteurs SGFETs en fréquence*

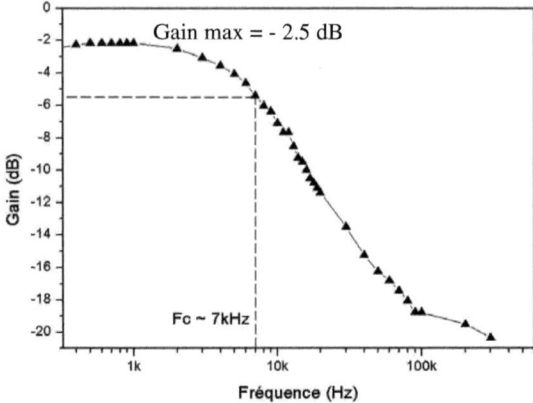

Figure 116. Réponse en fréquence pour le transistor de dimensions W/L = 60/23 dans l'air.

Sur cette figure, Nous retrouvons la même forme classique de la réponse en fréquence dans l'air pour le transistor SGFET que celle du MOSFET, néanmoins la fréquence de coupure est aussi basse que celle retrouvée pour le cas des poly-Si TFT [153], par rapport à celle des MOSFETs.

Ensuite, une comparaison dans le comportement fréquentiel du SGFET entre les deux ambiances air et eau est présentée dans la figure suivante. Nous avons choisi de faire ces tests à V_{GS} constant. La valeur de la tension V_{DS} sera ajustée à chaque fois pour obtenir des valeurs proches les unes des autres, dans la mesure du possible. Ce réglage peut être délicat car il est fortement lié à la valeur du courant de drain. Une légère variation de la polarisation V_{DS} ne modifie pas la réponse du capteur.

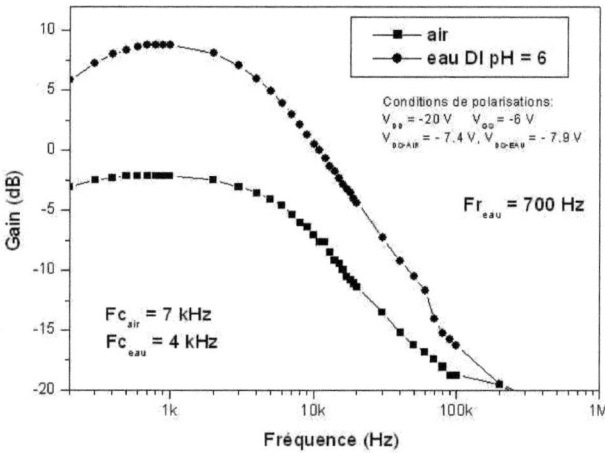

Figure 117. Réponse en fréquence pour le transistor de dimensions W/L = 60/23

Les gains sont calculés à partir des mesures de tensions pour les points de polarisation V_{GS} = -6 V et une tension de grille V_{DS} = -7.4 V (dans l'air), et V_{DS} = -7.9 V (dans l'eau). La figure 117 montre que les valeurs des gains sont très différentes. Ceci provient essentiellement de la transconductance, qui est, comme nous l'avons vu précédemment, plus élevée dans les milieux liquides. Par ailleurs, la forme de la caractéristique fréquentielle en milieu liquide est différente, et montre une forme de résonance obtenue pour une fréquence particulière.

Nous avons comparé les gains « théoriques » calculés à partir des valeurs de transconductance g_m et de résistance R_{DS} tirées respectivement des caractéristiques de transfert et de sortie avec les données issus des mesures expérimentales (des tensions). Le tableau 14 regroupe ces différents paramètres extraits ainsi que les gains théorique et expérimental pour chaque ambiance (air et eau) du SGFET de dimension W/L = 60/23.

SGFET W/L=60/23	R_D (KΩ)	g_m extraite (μA/V)	R_{DS} extraite (KΩ)	Gain théorique	Gain théorique (en dB)	Gain expérimental (en dB)
Air	80	7	741	0.5	-6	~ -3
Eau	90	39	130	2.0	6	~ 9

Tableau 14. Comparaison des gains théoriques et expérimentaux dans deux ambiances différentes pour un SGFET de dimensions W/L = 60/23.

D'après ce tableau, le gain théorique calculé à partir des valeurs de g_m et de R_{DS} est relativement en accord avec le maximum du gain relevé sur les courbes expérimentales. La différence entre les valeurs obtenues pour les deux milieux provient essentiellement de la variation de la transconductance. En effet, les transconductances sont très différentes pour ces deux ambiances, en particulier à cause du changement de la permittivité du milieu dans le gap.

Les mesures ont ensuite été faites pour différentes valeurs du pH. Le résultat est montré à la figure 118. Cette figure montre que les gains mesurés dans les solutions à différents pH sont plus grands que celui relevé dans l'air. Par ailleurs, les courbes dépendent de la valeur du pH. Or, la transconductance est quasiment indépendante de la valeur du pH, puisque la détection classique d'une modification correspond seulement à un décalage de la courbe de transfert, soit à une variation de la tension de seuil du transistor.

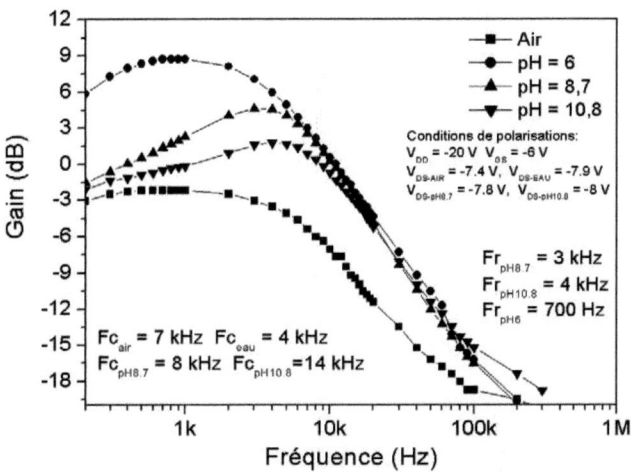

Figure 118. Réponse en fréquence pour le transistor de dimensions W/L = 60/23

En solution, la transconductance est donc plus grande et engendre un gain plus élevé ainsi qu'une fréquence de coupure (Fc) plus basse. Cependant, dans ce cas, la courbe montre une résonance particulière avec une fréquence de résonance (Fr) spécifique à chaque pH de solution, qui peut être liée aux charges présentes dans le milieu liquide.

Le tableau ci-dessous regroupe les gains « théoriques » calculés à partir de la formule (46) sans prendre en compte R_{DS}, et les valeurs maximales des gains expérimentaux dans les différentes ambiances pour le transistor W/L = 60/23 (M).

SGFET W/L=60/23	R_D (KΩ)	g_m (µA/V)	Gain théorique	Gain théorique (dB)	Gain expérimental (dB)
Air	80	7	0.6	- 5	~ - 3
Eau (pH 6)	90	39	3.5	10.9	~ 9
pH 8.7	80	41	3.3	10.3	~ 5
pH 10.8	70	40	2.8	8.9	~ 2

Tableau 15. Comparaison des gains théoriques et expérimentaux dans différentes ambiances pour un SGFET de dimensions W/L = 60/23.

Lorsque le pH augmente, pour une tenson V_{GS} constante, le courant de drain augmente. Le maintien à une tension V_{DS} environ constante est effectué en diminuant la valeur de la résistance R_D dans le montage. Le tableau ci-dessous montre que les valeurs des gains expérimentaux en fonction du pH suivent celles obtenues par calcul. Le gain diminue lorsque le pH augmente.

D'autres mesures similaires ont été faites sur un autre transistor de dimensions W/L = 110/12 (droite). Elles sont présentées sur la figure suivante.

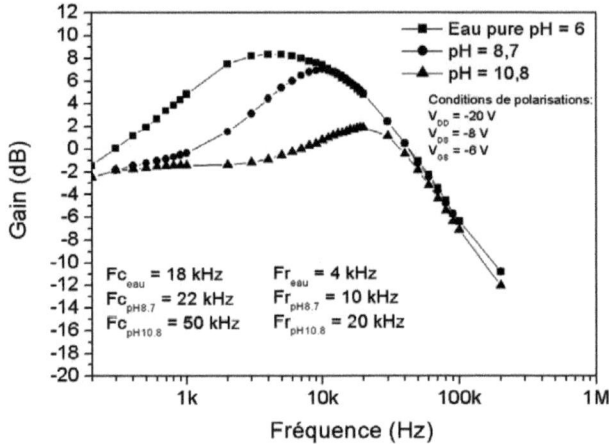

Figure 119. Réponse en fréquence pour le transistor de dimensions W/L = 110/12.

Le même comportement est observé sur ces courbes, avec toujours des fréquences de coupures très basses, et un phénomène de résonance relevé en milieu liquide. Les fréquences de résonance et de coupure relevées sont plus élevées que dans le cas du SGFET de dimensions W/L=60/23. Cette différence peut s'expliquer par une longueur de canal plus courte et donc des capacités parasites C_{DS} plus faibles.

Le gain a tendance à diminuer lorsque le pH augmente, alors qu'à l'inverse, les fréquences de coupure et de résonance ont plutôt tendance à augmenter avec le pH.

Cette résonance résulte de notre structure spécifique (la grille suspendue), qui comprend des capacités différentes (isolant et liquide), ce qui peut expliquer la forme particulière pour la courbe du gain en fonction de la fréquence.

La figure 120 représente l'évolution de la valeur maximale du gain en fréquence avec la valeur du pH des solutions test, et cela pour les deux transistors à géométries différentes.

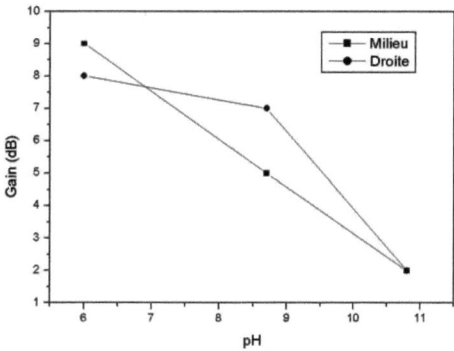

Figure 120. Evolution du gain max avec la valeur du pH (à la résonance).

Ces premiers tests montrent la possibilité d'utiliser cette méthode de mesure pour déterminer la valeur du pH d'une solution donnée. La variation du gain maximum en fonction de la valeur du pH est importante, ce qui nous encourage à développer cette piste.

Les tableaux 16 et 17 regroupent les valeurs des fréquences de coupure et de résonance pour les deux géométries des SGFETs D (W/L = 110/12) et M (W/L = 60/23) plongés dans les différentes ambiances.

ambiance	Air	Eau	pH 8.7	pH 10.8
Fc (KHz)	7	4	8	14
Fr (KHz)	-	0.7	3	4

Tableau 16. Fréquences de coupure et de résonance dans différentes ambiances pour un SGFET de dimensions W/L = 60/23.

W/L = 110/12	Eau	pH 8.7	pH 10.8
Fc (KHz)	18	22	50
Fr (KHz)	4	10	20

Tableau 17. Fréquences de coupure et de résonance dans différentes ambiances pour un SGFET de dimensions W/L = 110/12.

Dans la section suivante nous allons caractériser en fréquence un transistor SGFET de la même façon mais cette fois-ci avec les microcanaux en PDMS, afin de voir l'influence du procédé de collage sur son comportement fréquentiel.

L'évolution de la fréquence de résonance en fonction du pH pour le transistor de milieu (W/L = 60/23) est représentée dans la figure suivante.

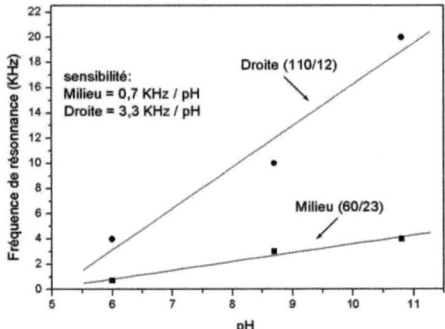

Figure 121. Evolution de la fréquence de résonance max en fonction de la valeur du pH.

Une méthode de caractérisation simple peut également consister à travailler à une fréquence fixe, bien choisie compte tenu de la gamme de pH à explorer, et de mesurer le gain du montage en fonction du pH.

II.2 Transistor SGFET avec les canaux microfluidiques

Le gain en fonction de la fréquence d'un transistor de dimensions W/L = 110/12 avec des canaux microfluidiques, plongé dans différents milieux est représenté dans la figure 122.

La tension d'alimentation est toujours fixée V_{DD} = -20V, le point de polarisation est fixé à partir les caractéristiques de transfert et de sortie du transistor avec la valeur de la résistance du drain R_D = 53 KOhm, pour une tension de grille V_{GS0} = -6V, et de drain V_{DS0} = -5V.

Chapitre V. *Caractérisations des capteurs SGFETs en fréquence*

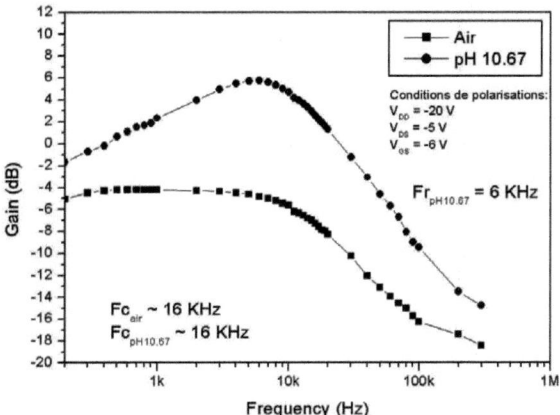

Figure 122. Réponse en fréquence pour le transistor de dimensions W/L = 110/12 avec des canaux intégrés.

Cette figure présente une courbe de gain dans l'air qui a la forme classique mais la fréquence de coupure reste toujours très basse (16 kHz), en revanche le gain est beaucoup plus grand dans la solution à pH (10,67) par rapport à celui relevé dans l'air. De plus, le même comportement particulier de résonance peut être constaté sur les SGFETs sans les microcanaux en PDMS.

Le gain « théorique », calculé à partir des valeurs de transconductance g_m et de la résistance de drain R_{DS} extraites des caractéristiques de transfert et de sortie du transistor de dimensions W/L = 110/12 pour le point de polarisation V_{GS0} = -6V, et V_{DS0} = -5V, et le gain expérimental sont comparés dans le tableau suivant.

SGFET W/L=110/12	R_D (KΩ)	g_m extraite (μA/V)	R_{DS} extraite (KΩ)	Gain théorique	Gain théorique (en dB)	Gain expérimental (en dB)
Air	53	32.6	69	0.76	-2.4	~ -4
pH 10.67	69	95	49	2.72	8.7	~ 8

Tableau 18. Comparaison des gains théoriques et expérimentaux dans deux ambiances différentes pour un SGFET de dimensions W/L = 110/12

Le comportement en fréquence du transistor SGFET avec les microcanaux en PDMS est identique à celui du transistor seul. Donc, le procédé d'intégration des canaux microfluidiques sur les transistors à grille suspendue n'affecte pas leur comportement en fréquence, et cela peu importe l'ambiance dans laquelle le transistor est plongé. La encore, les valeurs de gain correspondent à peu près.

Nous développons actuellement un modèle afin d'expliquer le comportement de type résonance, observé dès que le capteur est plongé en milieu liquide, et qui dépend de la valeur du pH mais les résultats ne sont pas pour l'instant finalisés.

Conclusion et perspectives

L'objectif de ce chapitre était de caractériser en fréquence les transistors à effet de champ à grille suspendue. Ces caractéristiques ont été faites dans l'air, dans l'eau, et pour des solutions avec des différentes valeurs de pH, ainsi qu'avec des géométries différentes (W/L) des capteurs. La réponse de ces capteurs dans l'air est identique à celle des transistors MOS classiques mais avec une fréquence de coupure plus basse. Par contre, la forme des caractéristiques en fonction du pH présente une résonance à une fréquence spécifique qui dépend fortement de la valeur du pH, comme la valeur du gain.

De plus, la transconductance et le gain dépendent de tous les paramètres du SGFET (hauteur de grille, la géométrie,....). Donc, la sensibilité de la mesure du pH peut être optimisée en étudiant l'influence de chaque paramètre comme la transconductance g_m, la résistance dynamique R_{DS}, et les paramètres géométriques des capteurs (hauteurs du gap, dimensions W/L etc.).

Cela offre plusieurs possibilités pour la caractérisation : la courbe en fréquence ou une fréquence fixe choisie afin d'obtenir une grande sensibilité dans la plage de pH étudiée. Par ailleurs, cette nouvelle méthode permet d'augmenter la sensibilité du capteur mais aussi la fiabilité et la reproductibilité et elle ne nécessite aucune calibration ni la mesure d'une référence (mesure directe du gain).

Cette nouvelle méthode de caractérisation ouvre des perspectives intéressantes dans le domaine de la mesure de pH.

Conclusion générale

Les travaux de recherche présentés dans ce manuscrit ont été menés dans le cadre d'une thèse ayant pour objectif l'intégration d'un système de canaux microfluidiques en PDMS, fabriqués au laboratoire SATIE, sur les capteurs de pH de type SGFET développés à l'IETR, et faire ainsi cohabiter les deux technologies de microfluidique et de microfabrication.

Dans une première étape, les transistors à effet de champ à grille suspendue SGFET ont été fabriqués en suivant le procédé standard décrit dans le deuxième chapitre. Comme ces transistors sont utilisés dans les milieux aqueux, une bonne isolation électrique a été assurée en utilisant une couche finale de passivation en nitrure de silicium, qui s'est révélée plus résistante que celle en oxyde de silicium précédemment utilisée. Ensuite, les caractérisations électriques des transistors ont montré leur dépendance en fonction du pH des solutions, ce qui a ainsi permis de valider leur utilisation comme capteurs du pH de haute sensibilité. De plus, ces structures suspendues ont montré un bon maintien mécanique du pont de grille, et cela après plusieurs immersions dans les milieux aqueux. Les SGFETs fabriqués au cours de cette thèse possèdent des hauteurs de pont-grille (gap) différentes les uns aux autres, ce qui a permis de voir l'impact de cette hauteur sur leur sensibilité au pH des solutions. Dans tous les cas, cette sensibilité reste nettement supérieure à celle obtenue avec des technologies de type ISFET. Par contre, pour ce qui est de la linéarité, ces capteurs ont montré deux zones avec des sensibilités différentes. Ces résultats comparés à ceux obtenus par simulation, ont montré un comportement identique : une gamme de pH à forte sensibilité pour des valeurs de pH éloignées de 7, et une zone à plus faible sensibilité pour des valeurs proches de 7. Cela peut être expliqué par le fait que pour les solutions à pH proche de 7, contiennent moins de charges positives et négatives par rapport à celles à pH éloigné de 7, qui ont moins d'influence dans ces structures suspendues (SGFET). Enfin, la stabilité de la mesure pour une seule solution avec une valeur de pH fixe a été étudiée. Pour améliorer cette stabilité, la solution proposée était d'optimiser le rinçage à l'eau DI après chaque mesure et de trouver un système permettant de limiter ou d'éliminer l'évaporation des liquides sous test. Cela a donc nécessité l'intégration de canaux microfluidiques, qui assureront un écoulement en continu des différentes solutions à pH.

La deuxième étape a été consacrée à la réalisation et l'intégration du système microfluidique sur les capteurs du pH de type SGFET permettant de former le système global (capteurs + microcanaux). Ce système intégre des microcanaux réalisés en polymère PDMS ayant une largeur de 500 µm suffisante pour faciliter l'alignement des SGFET dans ces canaux lors de leur intégration. Le système global a été caractérisé électriquement de la même façon que pour les capteurs seuls mais cette fois-ci en utilisant des solutions à pH injectées directement dans les microcanaux à l'aide d'un pousse-seringue. Le comportement électrique vis-à-vis les différentes solutions est similaire à celui des SGFETs seuls avec une sensibilité aussi nettement supérieure à celle des ISFETs. Ensuite, la stabilité de la mesure avec l'insertion d'une étape de rinçage a été étudiée, pour une seule solution à pH fixe dans un premier temps, puis en utilisant deux solutions à pH différents dans un second temps. Cette stabilité a été améliorée en optimisant l'efficacité du rinçage par le choix de la durée et du débit d'écoulement de la solution du rinçage (l'eau DI). Cette optimisation pourrait être améliorée en modifiant le design et en diminuant la longueur des canaux microfluidiques.

Une dernière étape a été dédiée à la caractérisation dans le domaine fréquentiel des transistors SGFETs. Dans un premier temps, cette caractérisation a été faite sur des transistors seuls dans l'air ou immergés dans une solution à pH constant. Ensuite, des SGFETs avec des microcanaux en PDMS ont été testés. Les transistors utilisés avaient des géométries différentes (W/L) ainsi que des hauteurs différentes pour la grille suspendue. Dans l'air, la réponse de ces capteurs est identique à celle des transistors MOS, mais leur fréquence de coupure est beaucoup plus basse. En revanche, dans les milieux liquides, la forme des caractéristiques présente une

Conclusion générale

résonance à une fréquence spécifique qui dépend de la valeur du pH de la solution. De plus, le gain et la transconductance dépendent fortement des différents paramètres des SGFETs, à savoir la hauteur du pont-grille, les dimensions W/L, la résistance dynamique du drain R_{DS}, etc. Donc, la sensibilité au pH des SGFETs pourrait être optimisée en étudiant l'influence de chacun de ces paramètres. Cette nouvelle méthode de caractérisation pourra éventuellement permettre d'augmenter la sensibilité du capteur, en caractérisant à une fréquence fixe choisie de sorte à avoir la plus grande valeur du gain et obtenir ainsi une grande sensibilité dans la plage du pH étudiée. Par ailleurs, cette nouvelle méthode, permettrait d'augmenter la fiabilité et la reproductibilité des capteurs, et elle ne nécessite aucune calibration ni de mesure d'une référence puisqu'elle se fait par la mesure directe du gain.

Après la validation du système complet, cela ouvre de grandes portes vers la réalisation des biopuces et des laboratoires sur puces à base de ces SGFET intégrés avec un système microfluidique, pour les analyses chimiques et biologiques comme l'hybridation d'ADN ou dans la détection des protéines nécessaires pour un diagnostic, etc. Pour cela, nous pourrions envisager la mise en réseau des capteurs SGFETs sous forme de matrice, et leur intégration avec un système microfluidique de multi-chambres où chaque chambre abritera un capteur pour une détection spécifique, et des microcanaux assurant le transport des différentes solutions et espèces à analyser.

Une autre méthode a été proposée pour la réalisation de canaux microfluidiques basée sur le micro-usinage de surface, elle consiste à intégrer directement les microcanaux dans le substrat sans avoir recours à un collage. Une thèse traitant ce sujet a déjà démarré au sein du laboratoire IETR. L'avantage de ces structures sera l'intégration du canal microfluidique au sein même du capteur, ce qui devrait permettre de faciliter et d'optimiser son utilisation, en particulier de faciliter les rinçages.

Références bibliographiques

[1] Fabry P., Fouletier J., « microcapteurs chimiques et biologiques : applications en milieu liquide », Lavoisier, Paris, (2003).
[2] Temple-Boyer P., « Développement des microtechnologies pour les applications capteurs. Application à la (bio)chimie », présentation CMC2, La Rochelle, octobre 2011.
[3] Luppa, P. B, Sokoll, L.J., et Chan D.W., « Immunosensors - principles and applications to clinical chemistry », Clin. Chim. Acta 314 (2001), 1-26.
[4] Thevenot D.R., Toth K., Durst R.A., Wilson G.S., "Electrochemical biosensors: recommended definitions and classification", Biosensors and Bioelectronics 16 (2001), 121-131.
[5] Clark L.C., "Monitor and control of blood and tissue oxygenation", Tr Am Soc Artif Intern Organ 2 (1956), 41-45.
[6] Ward W.K., Jansen L.B., Anderson E., Reach G., Klein J.C., Wilson G.S., "A new amperometric glucose microsensor: in vitro and short-term in vivo evaluation", Biosensors & Bioelectronics 17 (2002), 181-189.
[7] Cia X., Klauke N., Glidle A., Cobbold P., Smith G.L., Cooper J.M., "Ultra-low-volume, real-time measurements of lactate from the single heart cell using microsystems technology", Anal. Chem 74 (2002), 908-914
[8] Umek R.M., Lin S.W., Vielmetter J., Terbrueggen R.H., Irvine B., Yu C.J., Kayyem J.F., Yowanto H., Blackburn G.F., Farkas D.H., Chen Y.P.,"Electronic detection of nucleic acids: a versatile platform for molecular diagnostics", Mol. Diagn 3 (2001), 74- 84.
[9] Maclay G.J., Buttner W.J., Stetter J.R., "Microfabricated amperometric gas sensors", IEEE transactions on electron devices 35 (1988), 793-799.
[10] Durand G, « Potentiométrie : Définitions et principes généraux », traité Analyse et Caractérisation, Techniques de l'Ingénieur (1983), P2115v2-1-16.
[11] Maccà C., « Response time of ion-selective electrodes Current usage versus IUPAC recommendations », Analytica chimica acta 512 (2004), 183-190.
[12] Nilsson H., Akerlund A.C., and Mosbach K., "Determination of glucose urea and penicillin using enzyme-pH electrode" Biochim. Biophysics. Acta 320 (1973), 529-534.
[13] Tor R, and Freeman A, "New enzyme membrane for enzyme electrodes", Anal. Chem 58 (1986), 1042-1046.
[14] Kulys J.J. et al., "Urea sensor based on differential antimony electrodes", Biosensors 2 (1986), 35-44.
[15] Sant W., Pourciel M.L., Launay J., Conto T. Do, Martinez A., Temple-Boyer P., "Development of chemical field effect transistors for the detection of urea", Sensors and Actuators B 95 (2003), 309-314.
[16] Sant W., Temple-Boyer P., Chanié E., Launay J., Martinez A., "On-line monitoring of urea using enzymatic field effect transistors", Sensors and Actuators B (2011).

[17] Humenyuk I., Torbiéro B., Assié-Souleille S., Colin R., Dollat X., Franc B., Martinez A., Temple-Boyer P., « Development of pNH4-ISFETS microsensors for water analysis", Microelectronics Journal 37 (2006), 475-479.
[18] Jaffrezic-Renault N., Soldatkin A., Martelet C., Temple-Boyer P., Sant W., Pourciel M.L., Montoriol P., Montiel-Costes A., "Tailoring enzymatic membranes for ENFETs for dialysis monitoring", The 12th international Conference on Solid State Sensors, Actuators and Microsystems, boston. IEEE (2003), 3E6.P, 1188-1191.
[19] Campanella L., Colapicchioni C., Favero G., Sammartino M.P., Tomassetti M., «Organophosphorus pesticide (Paraoxon) analysis using solid state sensors", Sens. Actuators B 33 (1996), 25-33.
[20] Chovelon J.M., « Préparation de couches minces d'oxynitrure de silicium par PECVD en vue de greffage chimique. Application à un ISFET pH », Thèse de doctorat, école centrale de Lyon (1991).
[21] Dzyadevych S.V., Soldatkin A.P., El'skaya A.V., Martelet C., Jaffrezic-Renault N., « Enzyme biosensors based on ion-selective field-effect transistors », Analytica Chimica Acta 568 (2006), 248-258.
[22] Castellarnau M., Zine N., Bausells J., Madrid C., Juarez A., Samitier J., Errachid A., « Integrated cell positioning and cell-based ISFET biosensors », Sensors and Actuators B 120 (2007), 615-620.
[23] Sohn B.K., Kim C.S., « A new pH-ISFET based dissolved oxygen sensor by employing electrolysis of oxygen », Sensors and Actuators B 34 (1996), 435-440.
[24] Sorensen S. P. L., "Enzyme studies II: measurement and significance of hydrogen ion concentration in enzyme processes", Biochemische Zeitschrift 21 (1909), 131-304.
[25] Clarke W.M., "The determination of Hydrogen ions" Williams & Wilkins Company, American Journal of the Medical Sciences 177 (1929), 126.
[26] Sorensen S. P. L. and Linderstrøm-Lang K., Compte Rendu Travaux du Laboratoire. Carlsberg 15 (1924),1-40.
[27] Tan J., Lascon M., Sevilla F., "Potentiometric pH sensor based on an oil paste containing Quinhydrone", Asian conference on sensors, IEEE Kuala Lumpur Malaysia (2005), 39-42.
[28] Huang G.F. and Guo M.K.,"Resting dental plaque pH values after repeated measurements at different sites in the oral cavity", In Nat. Sci. Counc. ROC. B. 24 (2000), 187-192.
[29] Caflisch C.R., Pucacco L.R. and Carter N.W., "Manufacture and utilization of antimony pH electrodes", Kidney International 14 (1978), 126-141
[30] Deboux B.J.C., Lewis E., Scully P.J. and Edwards R., "A novel technique for optical fibre pH sensing based on methylene blue adsorption" , Journal of Lightwave Technology 13 (1995), 1407-1414.

[31] Ferguson J.A., Healey B.G., Bronk K.S., Barnard S.M. and Walt D.R., "Simultaneous monitoring of pH, CO_2 and O_2 using an optical imaging fiber", Analytica Chimica Acta 340 (1997), 123-131.
[32] Ruan C., Zeng K. and Grimes C.A., "A mass-sensitive pH sensor based on a stimuli-responsive polymer", Analytica Chimica Acta 497 (2003), 123-131
[33] Fenster C., Smith A.J., Abts A., Milenkovic S. and Hassel A.W., "Single tungsten nanowires as pH sensitive electrodes" Electrochemistry Communications 10 (2008), 1125-1128.
[34] Razmi H., Heidari H. and Habibi E., "pH-sensing properties of $PbO2$ thin film electrodeposited on carbon ceramic electrode", Journal of Solid State Electrochemistry 12 (2008), 1579-1587.
[36] Wang M., Yao S. and Madou M., "A long-term stable iridium oxide pH electrode", Sensors and Actuators B-Chemical 81 (2002), 313-315.
[37] Ha Y. and Wang M., "Capillary melt method for micro antimony oxide pH electrode", Electroanalysis 18 (2006), 1121-1125.
[38] Pringsheim E., Terpetschnig E. and Wolfbeis O.S., "Optical sensing of pH using thin flms of substituted polyanilines", Analytica Chimica Acta 357 (1997), 247-252
[39] Talaie A., Lee J.Y., Lee Y.K., Jang J., Romagnoli J.A., Taguchi T. and Maeder E., "Dynamic sensing using intelligent composite: an investigation to development of new pH sensors and electrochromic devices", Thin Solid Films 363 (2000), 163-166
[40] Adhikari B. and Majumdar S., "Polymers in sensor applications", Progress in Polymer Science 29 (2004), 699-766.
[41] Bashir R., Hilt J.Z., Elibol O., Gupta A. and Peppas N.A., "Micromechanical cantilever as an ultrasensitive pH microsensor ", Applied Physics Letters 81 (2002), 3091-3093
[42] Fritz J., Baller M.K., Lang H.P., Strunz T., Meyer E., Guntherodt H.J., Delamarche E., Gerber C. and Gimzewski J.K., "Stress at the Solid–Liquid Interface of Self-Assembled Monolayers on Gold Investigated with a Nanomechanical Sensor.", Langmuir 16 (2000), 9694-9696.
[43] Bergveld P., "Development of an ion-sensitive solid state device for neurophysiological measurements", IEEE Trans. Biome. Eng. 17 (1970), 70-71.
[44] Hajji B., Temple-Boyer P., Launay J., do Conto T., Martinez A., "pH, pK and pNa detection properties of $SiO2/Si3N4$ ISFET chemical sensors", Microelectronics Reliability 40 (2000), 783-786.
[45] Errachid A., Ivorra A., Aguilo J., Villa R., Zine N., and Bausells J., "New technology for multi-sensor silicon needles for biomedical applications", Sens. and Actuators B 78 (1-3) (2001) 279-284.
[46] Yan F., Estrela P., Mo Y., Migliorato P., Maeda H., Inoue S., and Shimoda T., «Polycrystalline Silicon ISFETs on Glass Substrate », Sensors 5 (2005), 293-301.

[47] Bousse L., Hanfeman D., Tran N., "Time-dependence of the chemical response of silicon nitride surfaces", Sensors and Actuators B 1 (1990), 361-367.
[48] Kobayashi I., Ogawa T., Hotta S., "Plasma-Enhanced Chemical Vapor Deposition of Silicon Nitride", Jpn. J. Appl. Phys, 31 (1992), 336-342.
[49] Lemiti M., Audisio S., Dupuy J.C., Balland B., "Silicon nitride films deposited by Hg-photosensitization chemical vapor deposition", J. of noncrystalline Solids 144 (1992), 261-268
[50] L., H van der Vlekkert, N de Rooij : "Hysteresis in Al2O3-gate ISFET", Sensors and actuators, B 2 (1990), 103-110.
[51] Van der Vlekkert H., Bousse L., Rooij N.De, "The temperature dependence of the surface potentiel at the Al2O3/electrolyte interface", J.Colloid Interface Sci. 122 (1988), 336-345.
[52] Bousse L., Mostarshed S., van der Schoot B., Rooij N.F.De, "Comparison of the hysteresis of Ta2O5 and Si3N4 pH sensing insulators", Sensors and actuators B 17 (1994), 157-164.
[53] Niu M.N., Tong X.F., "Effect of two types of surfaces sites on the characteristics of Si_3N_4 gate pH-ISFET", Sensors and actuators B37 (1996), 13-17.
[54] Liu B.D., Su Y.K., Chen S.C., "Ion-sensitive field effect transistor with silicon nitride gate for pH sensing", Int. J. Electron 1 (1989), 59-63.
[55] Lue C.E., Yu T.C., Yang C.M., Pijanowska D.G., Lai C.S., "Optimization of Urea-EnFET Based on Ta2O5 Layer with Post Annealing", Sensors 11 (2011), 4562-4571
[56] Ito Y., "Long-term drift mechanism of Ta2O5 gate pH-ISFETs", Sensors and Actuators   B 64 (2000), 152-155.
[57] Bergveld P., «ISFET, Theory and Practice», IEEE Sensor conference Toronto (2003).
[58] Amari A., " Etude de la réponse au pH de structures microélectronique a membranes de nitrure de silicium fabriqué par LPCVD", Thèse de doctorat, université Paul Sabatier Toulouse III (1984).
[59] Bousse L., Rooij N.F.De, Bergveld P., "Operation of Chemically Sensitive Field effect Sensor as a function of the Insulator-Electrolyte Interface", IEEE Trans.Electron Devices ED 30 (1983), 1263-1270.
[60] Harame D.L., Bousse L.J., Shott J.D. and Meindl J.D., "Ion sensing devices with silicon nitride and borosilicate glass insulators", IEEE Trans. Electron Devices, ED 34 (1987), 1700-1707.
[61] Blackburn G.F., Levy M., and Janata J., "Field-effect transistor sensitive to dipolar molecules", Appl. Phys. Lett., 43 (1983), 700-771.
[62] W.T Kelvin, Fitzgerald G.F. and Francis W., Philosophical Magazine 46 (1898), 80.
[63] Bergveld P., Hendrikse J. and Olthius W., "Theory and application of the material work function for chemical sensors based on the field effect principle", Meas. Sci. Technol. 9 (1998), 1801-1808.

[64] Lorenz H., Peschke M., Riess H., Janata J. and Eisele I., "New suspended gate FET technology for physical deposition of chemically sensitive layers", Sensors and Actuators A 21-23 (1990), 1023-1026.
[65] Karthigeyan A., Gupta R.P., Scharnagl K., Burgmair M., Sharma S.K. and Eisele I., "A room temperature HSGFET ammonia sensor based on iridium oxide thin film", Sensors and Actuators B 85 (2002), 145-153.
[66] Gergintschew Z., Kornetzky P. and Schipanski D., "The capacitvely controlled field effect transistor (CCFET) as a new low power gas sensor", Sensors and Actuators B 35-36 (1996), 285-289.
[67] Paris R., Pawel S., Herze R., Doll T., Kornetzky P., Gupta R.P. and Eranna G., "Low drift Air-Gap CMOS-FET gas sensor", Proc. IEEE International Conference on Sensors, Orlando, Florida, USA (2002) article No. 57.5.
[68] Boucinha M. and Chu V., "Air-gap amorphous silicon thin film transistors", Applied Physics Letters 73 (1998), 502-504.
[69] Kotb H., " Microstructures en silicium polycristallin déposé sur verre. Application à la réalisation et la caractérisation de transistors en couche mince à grille suspendue ", Thèse de doctorat, université de Rennes 1 (2004).
[70] Bendriaa F., "Conception et fabrication de transistors à effet de champ à grille suspendue utilisables dans la détection d'espèces chimiques ou biologiques", Thèse de doctorat, université de Rennes 1 (2006).
[71] Harnois M., « Etude et réalisation d'un biocapteur de type transistor à grille suspendue pour la reconnaissance de l'hybridation moléculaire de l'ADN », Thèse de doctorat, université de Rennes 1 (2008).
[72] Girard A., « Détection électronique par transistor à grille suspendue de marqueurs protéiques liés au métabolisme du fer. Application à la transferrine » Thèse de doctorat, université de Rennes 1 (2008).
[73] Vo-Dinh T., Cullum B., "Biosensors and biochips: advances in biological and medical diagnostics", Fresenius J. Anal. Chem.366 (6–7) (2000), 540-551.
[74] Tran-Minh C., « Les biocapteurs. Principes, constructions et applications », Masson Paris, (1991).
[75] Jianrong C., Yuquing M., Nongyue H., Xiaohua W., Sijiao L., "Nanotechnology and biosensors", Biotechnol. Adv. 22 (2004), 505-518.
[76] Comtat M., Bergel A., "Biocapteurs: rêve ou réalité industrielle", Biofur. 171 (1997), 33-36.
[77] Jaffrezic-Renault N., Martelet C., Clechet P., « capteurs chimiques et biochimiques », Club Microcapteurs Chimiques (CMC2), Doc. R 420; P 360.
[78] Rashid B., " BioMEMS: state-of-the-art in detection, opportunities and prospects", Advanced Drug Delivery Reviews 56 (2004), 1565–1586.
[79] Jorgensen A.M., Mogensen K.B., Kutter J.P., Geschke O., "A biochemical microdevice with an integrated chemiluminescence detector", Sens. Actuators, B, Chem. B90 (2003), 15-21.

[80] Chediak J.A., Luo Z., Seo J., Cheung N., Lee L.P., Sands T.D., "Heterogeneous integration of CdS filters with GaN LEDs for fluorescence detection Microsystems", Sens. Actuators, A, Phys. 111 (1) (2004), 1 -7.
[81] Guirardel M., "Conception, réalisation et caractérisation de biocapteurs micromécaniques résonants en silicium avec actionnement piézoélectrique intégré : détection de l'adsorption de nanoparticules d'or", Thèse de doctorat, université Paul Sabatier Toulouse III (2003).
[82] Su M., Li S., et Dravid V.P., « Microcantilever resonance-based DNA detection with nanoparticle probes", Applied Physics Letters 82 (20) (2003), 3562-3564.
[83] Lammerink T.S.J., Elwenspoek M., Fluitman J.H.J., « Integrated Micro-liquid dosing system", IEEE (1993) 254-259
[84] Gravesen P., Branebjerg J., et Jensen O.S., « Microfluidics a review", Journal of Micromechanics and Microengineering 3 (1993), 168-182
[85] Shoji S., et Esashi M., « Microflow devices and systems", Journal of Micromechanics and Microengineering, 4 (1994), 157-171.
[86] Cours "Microfluidiques" du Master 2 Recherche Micro et Nano Systèmes MNS par A. Boukabbache, université de Paul Sabatier Toulouse III, Toulouse.
[87] http://www.equipmentexplained.com/physics/fluids/flow/flow.html.
[88] Jacobson S.C., Hergenroder R., Koutny L.B., Ramsey J.M., "High-speed Separations on a Microchip", Anal. Chem. 66 (1994), 1114-1118.
[89] Manz A., Graber N., Widmer H.M., "Miniaturized total chemical analysis systems: A novel concept for chemical sensing", Sensors and Actuators B 1 (1990), 244-248
[90] McClain M.A., Culbertson C.T., Jacobson S.C., Allbritton N.L., Sims C.E., Ramsey J.M., "Microfluidic devices for the high-throughput chemical analysis of cells", Anal. Chem. 75 (2003), 5646-5655.
[91] Choi J.W., Oh Y.W., Han A., Okulan N., Wijayawardhana A.C., Lannes C., Bhansali S., Schlueter K.T., Heineman W.R., Halsall H.B., Nevin J.H., Helmicki A.J., Thurman H.H., Ahn C.H., "Development and characterization of microfluidic devices and systems for magnetic bead-based biochemical detection", Biomedical Microdevices 3 (2001) , 191-200.
[92] Lagally E.T., Simpson P.C., Mathies R.A., « monolithic intégrated microfluidic DNA amplification and capillary electrophoresis analysis system », Sensors and Actuators B 63_(2000), 138-146.
[93] Lagally E.T., Emrich C.A., Mathies R.A., « Fully Integrated PCR-Capillary Electrophoresis Microsystem for DNA Analysis. Lab-on-A-Chip », Lab on a Chip 1 (2001), 102-107.
[94] « La révolution des biopuces » CEA, Petit déjeuner de presse du 14 octobre (2002).
[95] Nachamkin I., Panaro N.J., Li M., Ung H., Yuen P.K., Kricka L.J., Wilding P., "Agilent 2100 Bioanalyzer for Restriction Fragment Length Polymorphism Analysis of the Campylobacter jejuni Flagellin Gene" Journal of Clinical Microbiology, (2001), 754-757.

[96] Burns M.A., Mastrangelo C.H., Sammarco T.S., Man F.P., Webster J.R., Johnson B.N., Foerster B., Jones D., Fields Y., Kaiser A.R., Burke D.T., « Microfabricated structures for integrated DNA analysis », Proc. Natl. Acad. Sci. USA 93 (1996) 5556-5561.
[97] Fouillet Y., « Plate-forme microfluidique discrète et électromouillage », 18ème Congrès Français de Mécanique Grenoble, (2007).
[98] Sundararajan N., Kim D., Berlin A.A., « Microfluidic operations using deformable polymer membranes fabricated by single layer soft lithography », Lab Chip 5 (2005), 350-354.
[99] Yoo J.C., La G.S., Kang C.J., Kim Y.S., « Microfabricated polydimethylsiloxane microfluidic system including micropump and microvalve for integrated biosensor », Current Applied Physics 8 (2008), 692-695.
[100] Choi J.W., Ahn C.H., Bhansali S., Henderson H.T., « A new magnetic bead-based, filterless bio-separator with planar electromagnet surfaces for integrated bio-detection systems », Sensors and Actuators B 68 (2000), 34-39.
[101] Sato K., Tokeshi M., Odake T., Kimura H., Ooi T., Nakao M., Kitamori T., Integration of an Immunosorbent Assay System: Analysis of Secretory Human Immunoglobulin A on Polystyrene Beads in a Microchip », Analytical Chemistry 72 (2000), 1144-1147.
[102] Yoo J.C., Her H.J., Kang C.J., Kim Y.S., « Polydimethylsiloxane microfluidic system with in-channel structure for integrated electrochemical detector », Sensors and Actuators B 130 (2008), 65–69.
[103] Voldman J., Braff R.A., Toner M., Gray M.L., Schmidt M.A., «Holding forces of single-particle dielectrophoretic traps», Biophysical Journal 80 (2001), 531-541.
[104] Ozkan M., Pisanic T., Scheel J., Barlow C., Esener S., Bhatia S.N., « Electro-Optical Platform for the Manipulation of Live Cells», Langmuir 19 (5) (2003), 1532-1538.
[105] Lee C.Y., Lee G.B., Lin J.L., Huang F.C., Liao C.S., « Integrated microfluidic systems for cell lysis, mixing/pumping and DNA amplification », J. Micromech. Microeng. 15 (2005), 1215-1223.
[106] Boehm D.A., Gottlieb P.A., Hua S.Z., « On-chip microfluidic biosensor for bacterial detection and identification », Sensors and Actuators B 126 (2007), 508-514.
[107] Yoo J.C., Moon M.C., Choi Y.J., Kang C.J., Kim Y.S., « A high performance microfluidic system integrated with the micropump and microvalve on the same substrate », Microelectronic Engineering 83 (2006), 1684-1687.
[108] Lee T.M.H., Hsing I.M., « DNA-based bioanalytical microsystems for handheld device applications », Analytica Chimica Acta 556 (2006), 26-37.
[109] Srinivasan V., Pamula V.K., Fair R.B. « An integrated digital microfluidic lab-on-a-chip for clinical diagnostics on human physiological fluids », Lab Chip 4 (2004), 310-315.

[110] Khandurina J., McKnight T.E., Jacobson S.C., Waters L.C., Foote R.S., Ramsey J.M. « Integrated System for Rapid PCR-Based DNA Analysis in Microfluidic Devices », Analytical chemistry 72 (2000), 2995-3000.
[111] Colyer C.L., Mangru S.D., Harrison D.J., "Microchip-based Capillary Electrophoresis of Human Serum Proteins", J. Chromatogr. 781 (1997), 271-276.
[112] Waters L.C., Jacobson S.C., Kroutchinina N., Khandurina J., Foote R.S., Ramsey J.M., "Multiple Sample PCR Amplification and Electrophoretic Analysis on a Microchip," Analytical Chemistry 70 (1998), 5172-5176.
[113] Leistiko O., Jensen P.F, « integrated bio/chemical Microsystems employing optical detection: a cytometer » Proc. µTASWorkshop, Banff,Canada, (1998), 291-295.
[114] Chabinyc M.L., Chiu D.T., McDonald J.C., Stroock A.D., Christian J.F., Karger A.M., Whitesides G.M., « An integrated fluorescence detection system in poly(dimethylsiloxane) for microfluidic applications », Anal. Chem. 73 (2001), 4491-4498.
[115] Brigo L., Carofiglio T., Fregonese C., Meneguzzi F., Mistura G., M. Natali, Tonellato U., « An optical sensor for pH supported onto tentagel resin beads », Sensors and actuators. B Chemical 130 (2008), 477-482.
[116] Roulet J.C., Volkel,R. Herzig H.P., Verpoorte E., De Rooij N.F., Dandliker R., « Fabrication of multilayer systems combining microfluidic and microoptical elements for fluorescence detection », Journal of microelectromechanical systems 10 (2001), 482-491.
[117] Han M., Gao X., Su J.Z, Nie S., « Quantum-dottagged microbeads for multiplexed optical coding of biomolecules », nature biotechnology 19 (2001), 631-635.
[118] Masadome T., Yada K., Wakida S.I., « Microfluidic Polymer Chip Integrated with an ISFET Detector for Cationic Surfactant Assay in Dental Rinses », Analytical Sciences 22 (2006), 1065-1069.
[119] Lee T.M.H., Carles M.C., Hising I.M., « Microfabricated PCR-electrochemical device for simultaneous DNA amplification and detection », Lab Chip, 3 (2003), 100-105.
[120] Choi J.W., Oh K.W., Thomas J.H., Heineman W.R., Halsall H.B., Nevin J.H., Helmicki A.J., Henderson H.T., Ahna C.H., « An integrated microfluidic biochemical detection system for protein analysis with magnetic bead-based sampling capabilities », Lab Chip 2 (2002), 27-30.
[121] Lee S.Y.K., Yu Z.T.F.,Wong M., Zohar Y., « Gas flow in a microdevice with a mixing layer configuration », J. Micromech. Microeng. 12 (2002), 96-102.
[122] Koch M., Schabmueller C.G.J., Evans A.G.R., Brunnschweiler A., « Micromachined chemical reaction system », Sensors and actuators., A, Physical 74 (1999), 207-210.

[123] Mohamed H., McCurdy L.D., Szarowski D.H., Duva S., Turner J.N., Caggana M., «Development of a Rare Cell Fractionaltion Device: Application for Cancer Detection », IEEE Trans Nanobioscience 3 (2004), 251-256.
[124] Tani H., Maehana K., Kamidate T., « Chip-based bioassay using bacterial sensor strains immobilized in three-dimensional microfluidic network », Anal. Chem. 76 (2004), 6693-6697.
[125] Chronis N., Lee L.P., « Electrothermally Activated SU-8 Microgripper for Single Cell Manipulation in Solution », Journal of microelectromechanical systems 14 (2005), 857-863.
[126] Yang M.S., Li C.W., Yang J., « Cell Docking and On-Chip Monitoring of Cellular Reactions with a Controlled Concentration Gradient on a Microfluidic Device », Anal Chem 74 (2002), 3991-4001.
[127] Li C.W., Cheung C.N., Yang J., Tzang C.H. , Yang M.S., « PDMS-based microfluidic device with multi-height structures fabricated by single-step photolithography using printed circuit board as masters », Analyst 128 (2003), 1137-1142.
[128] Lahann J., Balcells M., Lu H., Rodon T., Jensen K.F., Langer R., « Reactive Polymer Coatings: A First Step toward Surface Engineering of Microfluidic Devices », Anal. Chem 75 (2003), 2117-2122.
[129] Revzin A., Sekine K., Sin A., Tompkins R.G., Toner M., « Development of a microfabricated cytometry platform for characterization and sorting of individual leukocytes », Lab Chip 5 2005 30-37.
[130] Chang W.C., Lee L.P., Liepmann D., « Biomimetic technique for adhesion-based collection and separation of cells in a microfluidic channel », Lab Chip 5 (2005), 64-73.
[131] Chen T.H., Small D.A., McDermott M.K., Bentley W.E., Payne G.F., « Enzymatic methods for in situ cell entrapment and cell release », Biomacromolecules 4 (2003), 1558-1563.
[132] Länge K., Blaess G., Voigt A., Gotzen R., Rapp M. « Integration of a surface acoustic wave biosensor in a microfluidic polymer chip », Biosens Bioelectron 22 (2006), 227-232.
[133] Cole M.C., Kenis P.J.A., «Multiplexed electrical sensor arrays in microfluidic networks», Sensors and Actuators B Chemical 136 (2009), 350-358.
[134] Ghafar-Zadeh E., Sawan M., Therriault D., « Novel direct-write CMOS-based laboratory-on-chip: Design, assembly and experimental results », J. Sensors and actuators A Physical 134 (2007), 27-36.
[135] Na K.H., Kim Y.S., Kang C.J., « Fabrication of piezoresistive microcantilever using surface micromachining technique for biosensors», Ultramicroscopy 105 (2005), 223-227.
[136] Raimbault V., Rebière D., Dejous C., Guirardel M., Conedera V., "Acoustic Love wave platform with PDMS microfluidic chip", Sensors and Actuators A 142 (2008), 160-165.

[137] Raimbault V., Rebière D., Dejous C., Guirardel M., Lachaud J.L., "Molecular weight influence study of aqueous poly(ethylene glycol) solutions with a microfluidic Love wave sensor", Sensors and Actuators B 144 (2010), 318-322.

[138] Raimbault V., Rebière D., Dejous C., Guirardel M., Pistré J., Lachaud J.L., "High frequency microrheological measurements of PDMS fluids using saw microfluidic system", Sensors and Actuators B 144 (2010), 467-471.

[139] Cobben P.L.H.M., Egberink R.J.M., Bomer J.G., Sudholer E.J.R., Bergveld P., Reinhoudt D.N., "Chemically modified ion-sensitive field-effect transistors: application in flow-injection analysis cells without polymeric encapsulation and wire bonding", Analytica Chimica Acta 248 (1991), 307-313.

[140] M. Lehmann, W. Baumann, M. Brischwein, R. Ehret, M. Kraus, A. Schwinde, M. Bitzenhofer, I. Freund, B. Wolf "Non-invasive measurement of cell membrane associated proton gradients by ion-sensitive field effect transistor arrays for microphysiological and bioelectronical applications", Biosensors & Bioelectronics 15 (2000), 117-124.

[141] C. Gao, X. Zhu, J.W. Choi, C.H. Ahn "A Disposable polymer field effect transistor (FET) for pH measurement", The 12th International Conference on Solid State Sensors Actuators and Microsystems, Boston 2 (2003), 1172 – 1175.

[142] D.S. Kim, J.E. Park, J.K. Shin, P.K. Kim, G. Lim, S. Shoji, "An extended gate FET-based biosensor integrated with a Si microfluidic channel for detection of protein complexes", Sensors and Actuators B 117 (2006), 488-494.

[143] Pourciel-Gouzy M.L., Sant W., Humenyuk I., Malaquin L., Dollat X., Temple-Boyer P., "Development of pH-ISFET sensors for the detection of bacterial activity", Sensors and Actuators B 103 (2004), 247-251.

[144] Pourciel-Gouzy M.L., Assié-Souleille S., Mazenq L., Launay J., Temple-Boyer P., « pH-ChemFET-based analysis devices for the bacterial activity monitoring", Sensors and Actuators B 134 (2008), 339-344.

[145] Masadome T., Kugoh S., Ishikawa M., Kawano E., Wakida S.I. « Polymer chip incorporated with anionic surfactant-ISFET for microflow analysis of anionic surfactants », Sensors and Actuators B 108 (2005), 888-892.

[146] Truman P., Uhlmann P., Stamm M., "Monitoring liquid transport and chemical composition in lab on a chip systems using ion sensitive FET devices", Lab Chip 6 (2006), 1220-1228.

[147] Polk B.J., « Design and Fabrication of a pH Sensitive Field-Effect Transistor for Microfluidics with an Integral Reference Electrode », 210th ECS Meeting, Cancun, Mexico (2006).

[148] Zhang Q., Jagannathan L., Subramanian V., "Label-free low-cost disposable DNA hybridization detection systems using organic TFTs", Biosens Bioelectron 25 (2010), 972-977.

[149] Poghossian A., Schultze J.W., Schöning M.J., "Application of a (bio-)chemical sensor (ISFET) for the detection of physical parameters in liquids", Electrochimica acta 48 (2003), (3289-3297).

[150] Mourgues K., "Réalisation de transistors en couches minces de silicium polycrsitallin par des procédés basse température (600°C) sans étape d'hydrogénation", Thèse de doctorat, Université de Rennes 1 (2000).

[151] Rodrigues B., De Sagazan O., Salaün A., Crand S., Le Bihan F., Mohammed-Brahim T., Bonnaud O., and Morimoto N., "Humidity Sensor Thanks Array of Suspended Gate Field Effect Transistor", ECS Transactions, Vol. 31, Volume 31, Issue 1 (2010), 441-448.

[152] Salaün A.-C., Le Bihan F., Mohammed-Brahim T., "Modeling the high pH sensitivity of Suspended Gate Field Effect Transistor (SGFET) ", Sensors and Actuators B, 158 (2011) 138-143, 2011.

[153] Jacques E., "Microsystème et capteur intégrés en technologie couches minces basse température", Thèse de doctorat, Université de Rennes 1 (2008).

Oui, je veux morebooks!

i want morebooks!

Buy your books fast and straightforward online - at one of the world's fastest growing online book stores! Environmentally sound due to Print-on-Demand technologies.

Buy your books online at
www.get-morebooks.com

Achetez vos livres en ligne, vite et bien, sur l'une des librairies en ligne les plus performantes au monde!
En protégeant nos ressources et notre environnement grâce à l'impression à la demande.

La librairie en ligne pour acheter plus vite
www.morebooks.fr

OmniScriptum Marketing DEU GmbH
Heinrich-Böcking-Str. 6-8
D - 66121 Saarbrücken
Telefax: +49 681 93 81 567-9

info@omniscriptum.de
www.omniscriptum.de

Printed by Books on Demand GmbH, Norderstedt / Germany